空间信息技术基础

姜毅　编／胡青　审

大连海事大学出版社

图书在版编目(CIP)数据

空间信息技术基础 / 姜毅编. —大连 : 大连海事大学出版社, 2021.9

ISBN 978-7-5632-4188-0

Ⅰ. ①空… Ⅱ. ①姜… Ⅲ. ①空间信息技术-高等学校-教材 Ⅳ. ①P208

中国版本图书馆 CIP 数据核字(2021)第 192386 号

大连海事大学出版社出版

地址:大连市凌海路1号 邮编:116026 电话:0411-84728394 传真:0411-84727996

http://press.dlmu.edu.cn E-mail:dmupress@ dlmu.edu.cn

大连永盛印业有限公司印装 大连海事大学出版社发行

2021 年 9 月第 1 版 2021 年 9 月第 1 次印刷

幅面尺寸:184 mm×260 mm 印张:8

字数:193 千 印数:1~500 册

出版人:刘明凯

责任编辑:于孝锋 责任校对:刘宝龙

封面设计:张爱妮 于孝锋 版式设计:于孝锋

ISBN 978-7-5632-4188-0 定价:20.00 元

前　言

空间信息技术也被称为地球空间信息科学，是信息技术的重要组成部分，主要包括遥感系统、全球卫星导航系统、地理信息系统等方面的理论与技术，同时结合计算机技术和通信技术，实现对空间数据的采集、测量、分析、存储、管理、显示、传播和应用等。空间信息技术的基础内容涵盖地球空间信息技术的基本概念及原理，主要包括空间坐标系统、时间系统、卫星的运动与轨道，是全球卫星导航系统的基础内容，为后续学习卫星精密定轨、精确授时、用户位置解算等内容进行必要的知识储备，奠定良好的基础。

本教材面向本科生教学，任课教师可根据教学大纲、学时数等具体情况从中选取合适的部分使用。全书共分为5章。第1章介绍了空间信息领域的技术发展，并对遥感技术、地理信息系统技术和全球卫星导航系统技术进行了简要介绍。第2章介绍了全球卫星导航系统，包括系统框架、组成结构、定位原理和信号构成。第3章在介绍岁差、章动、极移等现象的基础上，详细阐述了空间信息技术领域常用到的天球坐标系、地球坐标系、站心坐标系，以及它们之间的转换关系。第4章对时间概念进行了系统阐述，介绍了世界时系统、力学时、原子时，以及不同时间系统之间的关系。第5章介绍了人造卫星系统中的二体问题，包括卫星运动的基本原理、数学模型等，并分析了主要的轨道摄动因素。

本教材由大连海事大学信息科学技术学院姜毅编写，胡青教授审阅。

由于编者的专业水平、经验及时间所限，书中难免有不妥与疏漏之处，敬请专家和读者不吝指正。

编者
2021年6月

目　录

第 1 章　绪论 ······ 1

1.1　信息技术的发展 ······ 1

1.2　空间信息技术 ······ 2

1.3　遥感技术 ······ 3

1.4　地理信息系统技术 ······ 6

1.5　全球卫星导航系统技术 ······ 9

1.6　学习空间信息技术应具备的基础知识 ······ 10

第 2 章　全球卫星导航系统 ······ 12

2.1　GNSS 绪论 ······ 12

2.2　GNSS 组成结构 ······ 18

2.3　GNSS 定位原理 ······ 19

2.4　GNSS 信号 ······ 22

第 3 章　空间坐标系统 ······ 31

3.1　岁差 ······ 31

3.2　章动 ······ 38

3.3　极移 ······ 44

3.4　天球坐标系 ······ 50

3.5　地球坐标系 ······ 55

3.6　站心坐标系 ······ 66

3.7　协议惯性参考系和协议地固参考系 ······ 69

第 4 章　时间系统 ······ 73

4.1　概论 ······ 73

4.2　时间基准与时间系统 ······ 74

第 5 章　卫星的运动与轨道 ······ 84

5.1　人卫轨道及轨道理论的分类 ······ 84

5.2 开普勒行星运动三定律 …… 86
5.3 二体问题基本运动方程 …… 86
5.4 基本运动方程的解 …… 90
5.5 卫星运动的角速度、面积速度及周期 …… 94
5.6 卫星运动的线速度及引力常数 …… 96
5.7 真近点角、平近点角、偏近点角及其转换关系式 …… 100
5.8 轨道根数 …… 104
5.9 根据轨道根数计算卫星位置 …… 106
5.10 人卫轨道摄动因素简介 …… 108

参考文献 …… 119

第 1 章　绪论

空间信息技术(Spatial Information Technology)是在 20 世纪 60 年代兴起,80 年代迅速发展起来的一门综合集成的科学技术。空间信息技术的重要特征是“应用”。目前,空间信息技术已在全球与区域通信、导航定位、资源调查、灾害和环境的动态监测以及区域和城市规划等领域得到了广泛的应用,并取得了显著的经济效益和具有一定的社会影响。从应用角度来看,其涵盖的内容包括从空间数据到空间信息的全过程,即空间数据获取、空间数据处理、空间数据(信息)应用。

从远古时代向文明社会过渡开始,人们就十分关注地理现象的时空演化,分布在世界各地的数十万年前的岩画,就是地图的雏形。1946 年计算机的发明,开启了现代信息技术和信息时代的大门。空间信息作为信息的重要组成部分,使得当前的空间信息技术日新月异、迅速崛起,成为与纳米技术、生物技术并列的三大科学前沿领域之一。

1.1　信息技术的发展

信息既非物质,也非能量,但它是构成我们世界的基本要素之一,亦是人类社会创造的知识总和。21 世纪初,人类已经全面迈向信息时代,信息技术革命是经济全球化的重要推动力量和桥梁,是促进全球经济和社会发展的主导力量。信息技术代表着当今先进生产力的发展方向,是推进 21 世纪发展的强大力量,将为所有人提供重要的机会。

当前信息技术的发展趋势逐渐由典型的技术驱动发展模式向应用驱动与技术驱动相结合的模式转变,逐渐向智能化、集成化、平台化等方向发展。我国高度重视新一代信息技术的发展,在云计算、人工智能、物联网、区块链、5G、位置服务等领域做出了一系列战略部署,有力地推动了我国新一代信息技术的突破性发展。下文将简述 IT 红移、云计算、人工智能三个方面,信息技术的发展由此可见一斑。

1.1.1　IT 红移

“IT 红移”理论起源于天文学。一个天体的光谱向红色波长移动的现象被称为“红移”;反之,则被称为“蓝移”。红移天体意味着它正在快速远离地球,表示宇宙不断膨胀。

所谓“IT 红移”是指 IT 的计算能力、存储能力、带宽需求等呈指数增长。超过 IT 产业摩尔定律增长的,定义为红移;低于摩尔定律增长的,则定义为蓝移。据此,将具有超增长能力的企业称为红移企业,反之则称为蓝移企业。将不断膨胀、扩大的系统称为红移系统。那些拥有大规模数据中心、能够快速利用网络上所有可用资源的系统,以及搜索、存储、计算、处理数据和提供在线服务与存储的系统,都被称为红移系统。

1.1.2　云计算

云计算是指通过使计算分布在大量的分布式计算机中,而非本地计算机或远程服务器中,数据中心的运行与互联网更相似。作为新一代信息技术的重要发展方向,云计算已被广泛认为是支撑信息化应用和业务模式创新的核心,其技术与产业发展以及应用的推广普及,对于我国完善社会管理手段、转变经济发展方式具有重要的战略作用。在云计算技术的支撑下,大数据已经成为新时代重要的战略资源。随着经济社会信息化的日臻成熟,以及云计算、移动互联网和物联网等新一代信息技术的广泛应用,数据数量增长速度越来越快,数据类型越来越丰富,大数据的价值日渐凸显。

大数据时代,无论是政府、互联网公司、IT 企业还是行业用户,都面临着巨大的挑战及机遇。企业的决策方式正在从“业务驱动”转变为“数据驱动”。真正能够利用好大数据并将其价值转化成生产力的企业,必将具备强劲有力的竞争优势,从而成为行业的领导者。

1.1.3 人工智能

人工智能(Artificial Intelligence,AI)是研究、开发用于模拟、延伸和扩展人的智能的理论、方法、技术及应用系统的一门技术科学。它是计算机科学的一个分支,企图了解智能的实质,并生产出一种新的能以与人类智能相似的方式做出反应的智能机器。该领域的研究包括机器人、语言识别、图像识别、自然语言处理和专家系统等。人工智能是一门富有挑战性的科学,它的主要研究内容包括:知识表示、自动推理和搜索方法、机器学习(Machine Learning,ML)和知识获取、知识处理系统、自然语言理解、计算机视觉、智能机器人、自动程序设计等方面。人工智能作为引领未来的战略性技术,世界主要发达国家都把其作为重大战略,我国也在这一领域发展迅猛。

机器学习是研究怎样使用计算机模拟或实现人类学习活动的科学,是人工智能的核心,是使计算机智能化的根本途径,其理论和方法已被广泛应用于解决工程应用和科学领域的复杂问题。但机器学习的历史,实际上可追溯到 17 世纪的贝叶斯、拉普拉斯关于最小二乘法的推导和马尔可夫链,这些构成了机器学习广泛使用的工具和基础。自 20 世纪 80 年代以来,机器学习作为实现人工智能的途径,在人工智能界引起了广泛的兴趣,特别是近十几年来,机器学习领域的研究工作发展很快,它已成为人工智能的重要课题之一。

1.2 空间信息技术

空间信息技术是信息技术的重要组成部分。地球上 80%的信息都和空间有关,空间信息是反映地理实体空间分布特征的信息。空间分布特征包括实体的位置、形状及实体间的空间关系、区域空间结构等。

空间信息技术在广义上也被称为“地球空间信息科学”,在国外被称为 Geomatics。这一术语最早由法国学者伯纳德·杜比森创造,是由大地测量学(Geodesy)和地理信息科学(Geoinformatics)两词结合而成。空间信息技术是主要以遥感(Remote Sensing,RS)技术、地理信息系统(Geographical Information System ,GIS)技术、全球卫星导航系统(Global Navigation Satellite System ,GNSS)技术以及卫星通信(Satellite Communication,SC)技术为主要内容,同时结合计算机技术和通信技术,研究与地球和空间分布有关的数据采集、测量、分析、存储、管理、显示、传输、应用的一门综合集成的科学技术。

空间信息技术涉及的主要理论包括:

(1)空间信息的基准问题

基准问题主要包括几何基准、物理基准和时间基准,是确定空间信息几何形态和时空分布的基础,是空间信息技术与地球动力学交叉研究的基本问题。

(2)空间信息的标准问题

标准问题主要包括空间数据采集、存储与交换格式标准,空间数据精度和质量标准,空间信息的分类与代码标准,空间信息的安全、保密及技术服务标准等。标准问题是推动空间信息产业发展的根本问题。

(3)空间信息的时空变化问题

时空变化问题主要揭示和掌握空间信息的时空变化特征和规律,并加以形式化描述,形成规范化的理论基础;同时,进行时间优化与空间尺度的组合,以解决诸如不同尺度下信息的衔接、共享、融合和变化检测等问题。

(4)空间信息的认知问题

空间信息以地球空间中各个相互联系、相互制约的元素为载体,在结构上具有圈层性,各元素之间的空间位置、空间形态、空间组织、空间层次、空间排列、空间格局、空间联系以及制约关系等均具有可识别性。通过静态上的形态分析、发生上的成因分析、动态上的过程分析、演化上的力学分析以及时序上的模拟分析来阐释与推演地球形态,以达到对地球空间的客观认知。

(5)空间信息的不确定性问题

不确定性问题主要包括类型的不确定性、空间位置的不确定性、空间关系的不确定性、时域的不确定性、逻辑上的不一致性和数据的不完整性。

(6)空间信息的解译与反演问题

解译与反演问题主要通过对空间信息的定性解译和定量反演,揭示和展现地球系统现今状态和时空变化规律,从现象到本质地回答地球面临的资源、环境和灾害等诸多重大科学问题。

(7)空间信息的表达与可视化问题

表达与可视化问题主要研究空间信息的表达与可视化技术方法,涉及空间数据库的多尺度表示、数字地图自动综合、图形可视化、动态仿真和虚拟现实等。

1.3　遥感技术

"遥感"一词是20世纪60年代在美国创造的技术用语,它是在航空摄影和判读的基础上,随航天技术和电子计算机技术的发展而逐渐形成的综合性感测技术。特别是随着1972年第一颗地球观测卫星Landsat的发射成功,遥感技术迅速得到普及。广义而言,遥感泛指各种非直接接触的、远距离探测目标的技术。主要根据物体对电磁波的反射和辐射特性对目标进行采集,利用声波、引力波和地震波等方面的技术也都包含在广义的遥感之中。

通常人们所认为的遥感是指从远距离、高空,以至外层空间的遥感平台(Platform)上,利用可见光、红外线、微波等遥感器(Remote Sensor),通过摄影、扫描等各种方式,接收来自地球表层各类地物的电磁波信息,并对这些信息进行加工处理,从而识别地面物质的性质和运动状态的综合技术。远距离感测地物环境反射或辐射电磁波的仪器,叫作遥感器。照相机、扫描仪等均属于此类。装载遥感器的运载工具,叫作遥感平台,如飞机、飞艇和人造卫星等。

遥感研究的内容,由于应用领域及其所研究对象的千差万别而显得形形色色,但它们都是通过接收电磁波,来识别和分析地表的目标及现象。因此,利用遥感技术,就是利用了物体的电磁波特征,即一切物体由于其种类及环境条件的不同,而具有反射或辐射不同波长电磁波的特性。所以遥感也可以说是一种利用物体反射或辐射电磁波的固有特性,通过观测电磁波达到识别物体及物体存在的环境条件的技术。从理论上讲,对整个电磁波波段(见表1.1)都可以进行遥感。但是由于受到大气窗口和技术水平的限制,目前只能在有限的几个波段上进行,其中最重要的波段为可见光和近红外波段、中红外和热红外波段、微波波段等。在这些遥感波段上,物体所固有的电磁波特性还受到太阳及大气等环境条件的影响,因而遥感器接收到目标反射或辐射的电磁波后,还需进行校正处理及解译分析,才能得到各个领域的有效信息。

1.3.1 遥感系统

遥感系统是一个从地面到空中直至空间,从信息收集、存储、传输、处理到分析判读、应用的完整技术体系。它主要包括遥感试验、遥感信息获取、遥感信息处理和遥感信息应用四部分。

(1)遥感试验

遥感试验的主要工作是对地物电磁辐射特性(光谱特性)以及遥感信息的获取、传输、处理、分析等技术手段进行试验研究。

遥感试验是整个遥感系统的基础,遥感探测前需要遥感试验提供地物的光谱特性,以便选择遥感器的类型和工作波段;遥感探测中以及处理时,又需要遥感试验提供各种校正所需的有关信息和数据。遥感试验也可为判读应用提供依据。遥感试验在整个遥感过程中起着承上启下的重要作用。

表1.1 电磁波的分类名称

<table>
<tr><th colspan="3">名称</th><th>波长范围</th><th>频率范围</th></tr>
<tr><td colspan="3">紫外线(UV)</td><td>10 nm~0.4 μm</td><td>750~3000 THz</td></tr>
<tr><td colspan="3">可见光线(VIS)</td><td>0.4~0.7 μm</td><td>430~750 THz</td></tr>
<tr><td rowspan="5">红外线</td><td colspan="2">近红外(NIR)</td><td>0.7~1.3 μm</td><td>230~430 THz</td></tr>
<tr><td colspan="2">短波红外(SWIR)</td><td>1.3~3 μm</td><td>100~230 THz</td></tr>
<tr><td colspan="2">中红外(IIR)</td><td>3~8 μm</td><td>38~100 THz</td></tr>
<tr><td colspan="2">热红外(TIR)</td><td>8~14 μm</td><td>22~38 THz</td></tr>
<tr><td colspan="2">远红外(FIR)</td><td>14 μm~1 mm</td><td>0.3~22 THz</td></tr>
<tr><td rowspan="9">电波</td><td colspan="2">亚毫米波</td><td>0.1~1 mm</td><td>0.3~3 THz</td></tr>
<tr><td rowspan="3">微波</td><td>毫米波(EHF)</td><td>1~10 mm</td><td>30~300 GHz</td></tr>
<tr><td>厘米波(SHF)</td><td>1~10 cm</td><td>3~30 GHz</td></tr>
<tr><td>分米波(UHF)</td><td>0.1~1 m</td><td>0.3~3 GHz</td></tr>
<tr><td colspan="2">超短波(VHF)</td><td>1~10 m</td><td>30~300 MHz</td></tr>
<tr><td colspan="2">短波(HF)</td><td>10~100 m</td><td>3~30 MHz</td></tr>
<tr><td colspan="2">中波(MF)</td><td>0.1~1 km</td><td>0.3~3 MHz</td></tr>
<tr><td colspan="2">长波(LF)</td><td>1~10 km</td><td>30~300 kHz</td></tr>
<tr><td colspan="2">超长波(VLF)</td><td>10~100 km</td><td>3~30 kHz</td></tr>
</table>

(2)遥感信息获取

遥感信息获取是遥感系统的中心工作。遥感器以及遥感平台是确保遥感信息获取的物质保证。

遥感器是指收集和记录地物电磁辐射(反射或发射)能量信息的装置,如航空摄影机、多光谱扫描仪等。它是信息获取的核心部件,在遥感平台上装载遥感器,按照确定的飞行路线飞行或运转进行探测,即可获得所需的遥感信息。

遥感平台是指装载遥感器进行遥感探测的运载工具,如飞机、人造地球卫星、宇宙飞船等。其按飞行高度的不同,分为近地(面)工作平台、航空平台和航天平台。这三种平台各有不同的特点和用途,根据需要可单独使用,也可配合使用,组成多层次立体观测系统。

(3)遥感信息处理

遥感信息处理是指通过各种技术手段对遥感探测所获得的信息进行的各种处理。例如:为了消除探测中各种干扰和影响,使其信息更准确可靠而进行的各种校正处理,如辐射校正、几何校正等;为了使所获遥感图像更清晰,以便于识别、判读和提取信息,而进行的各种增强处理等。为了确保遥感信息应用时的质量和精度,以及为了充分发挥遥感信息的应用潜力,遥感信息处理是必不可少的。

(4)遥感信息应用

遥感信息应用是遥感的最终目的。遥感信息应用应根据专业目标需要,选择适宜的遥感信息及其工作方法进行,以取得较好的社会效益和经济效益。遥感信息应用的领域非常广泛,从室内的工业测量到大范围的陆地、海洋信息的采集以至全球范围的环境变化监测。在城市和区域的尺度内,遥感可应用于土地开发进展及绿地植被的变化监测等,同时也是掌握沙漠化等全球尺度的自然环境变化的不可缺少的手段;在海洋研究中,可以收集海面水位、混浊状况、植物性浮游生物的分布状况、海面温度等各种信息,从遥感得到的波浪信息还可以用来测定海面风的风向和风速;在大气研究中,可应用于调查二氧化碳及臭氧等微量成分的组成以及从云图中分析气象现象等领域。随着地球环境时代的到来,遥感更加显示出其重要性。在农业、森林资源调查和经营管理、自然灾害监测、气候和气象、海洋研究、地质、制图、军事等方面都有着广泛的应用。

总之,遥感系统是个完整的统一体,它是建立在空间技术、电子技术、计算机技术以及生物学、地学等现代科学技术的基础之上的,是完成遥感过程的有力技术保证。

1.3.2 遥感分类

(1)按遥感平台的高度分类

按遥感平台的高度不同,遥感可分为航天遥感、航空遥感和地面遥感三种。航天遥感又称太空遥感(Space Remote Sensing),泛指利用以各种太空飞行器为平台的遥感系统,以地球人造卫星为主体,包括载人飞船、航天飞机和太空站,有时也把各种行星探测器包括在内。卫星遥感(Satellite Remote Sensing)为航天遥感的组成部分,以人造地球卫星作为遥感平台,主要利用卫星对地球和低层大气进行光学和电子观测。航空遥感泛指从飞机、飞艇、气球等空中平台对地物观测的遥感技术系统。地面遥感主要是指以高塔、车、船为平台的遥感系统,地物波谱仪或传感器安装在这些地面平台上,可进行各种地物波谱测量。

(2)按所利用的电磁波的光谱段分类

按所利用的电磁波的光谱段,遥感分为可见光/反射红外遥感、热红外遥感、微波遥感三种类型。

可见光/反射红外遥感是利用可见光和近红外波段的遥感技术的统称，前者是人眼可见的波段；后者即反射红外波段，人眼虽不能直接看见，但其信息能被特殊遥感器所接收。它们共同的特点是，其辐射源是太阳，在这两个波段上只反映地物对太阳辐射的反射，根据地物反射率的差异，就可以获得有关目标物的信息，它们都可以用摄影方式和扫描方式成像。

热红外遥感是通过红外敏感元件，探测物体的热辐射能量，显示目标的辐射温度或热场图像的遥感技术的统称，通常指 8~14 μm 波段范围。地物在常温（约 300K）下热辐射的绝大部分能量位于此波段，在此波段地物的热辐射能量，大于太阳的反射能量。热红外遥感具有昼夜工作的能力。

微波遥感是利用波长 1~1000 mm 电磁波遥感的统称。通过接收地面物体发射的微波辐射能量，或接收遥感仪器本身发出的电磁波束的回波信号，对物体进行探测、识别和分析。微波遥感的特点是对云层、地表植被、松散沙层和干燥冰雪具有一定的穿透能力，又能全天候工作。

（3）按研究对象分类

按研究对象不同，遥感可分为资源遥感与环境遥感两大类。

资源遥感是以地球资源作为调查研究对象的遥感方法和实践。调查自然资源状况和监测再生资源的动态变化，是遥感技术应用的主要领域之一。利用遥感信息勘测地球资源，成本低，速度快，有利于克服自然界恶劣环境的限制，减少勘测投资的盲目性。

环境遥感是利用各种遥感技术，对自然与社会环境的动态变化进行监测或做出评价与预报。由于人口的增长与资源的开发、利用，自然与社会环境随时都在发生变化，利用遥感多时相、周期短的特点，可以迅速为环境监测、评价和预报提供可靠依据。

（4）按应用空间尺度分类

按应用空间尺度不同，遥感可分为全球遥感、区域遥感和城市遥感。

全球遥感是全面系统地研究全球性资源与环境问题的遥感的统称。

区域遥感是以区域资源开发和环境保护为目的的遥感工程，它通常按行政区（国家、省等）、自然区（如流域）或经济区进行划分。

城市遥感是以城市环境、生态作为主要调查研究对象的遥感工程。

1.4 地理信息系统技术

古往今来，人类的活动几乎都是发生在地球之上，与地球表面位置相关。同时，随着计算机技术的日益完善和普及，地理信息系统越来越重要，越来越深入人们的生产和生活之中。

地理信息系统通常泛指用于获取、储存、查询、综合处理、分析和显示与地球表面位置相关的数据的计算机系统。它既是管理和分析空间数据的应用工程技术，又是跨越地球科学、信息科学和空间科学的应用基础学科。其技术系统由计算机硬件、软件和相关的方法过程所组成，用以支持空间数据的采集、管理、处理、分析、建模和显示，以便解决复杂的规划和管理问题。

地理信息系统处理、管理的对象是多种地理空间实体数据及其关系，包括空间定位数据、图形数据、遥感图像数据、属性数据等，用于分析和处理在一定地理区域内分布的各种现象和过程，解决复杂的规划、决策和管理问题。

因此,地理信息系统是建立在统一地理坐标基础上的空间信息系统,它利用地学模型来分析空间数据,对地理环境与自然资源的信息进行管理,并对其动态变化进行预测和预报,从而实现为工农业生产管理和规划服务,为国防军事服务。

1.4.1 地理信息系统发展概况

(1)开拓期

20世纪60年代,美国麻省理工学院提出计算机图形学术语。计算机开始用于地图量算、存储、分类、分析和覆盖合并等,并显示出其优越性。计算机技术在空间数据应用方面的不断发展,促使了GIS的产生。1963年加拿大测量学家Roger F. Tomlinson提出地理信息系统术语,开始了对GIS思想和技术方法的探索。人们开始关注什么是GIS,GIS能干什么。

(2)巩固发展期

20世纪70年代,计算机技术在自然资源和环境数据处理方面的应用,促进了GIS的迅速发展,专业性地理信息系统随之建立起来。这期间,发展研究的重点是空间数据处理算法、数据结构和数据库管理这三个方面。

(3)大发展时期

20世纪80年代,GIS理论、方法和技术取得突破并趋于成熟,商品化GIS软件出现。这是GIS普遍发展和推广应用的阶段,人们把GIS与RS结合起来解决全球性问题,如全球沙漠化、全球可居住地评价、核扩散问题等。

(4)应用普及时代

20世纪90年代以来,随着计算机和网络的发展,GIS进入产业化阶段。对GIS进一步研究的内容集中在空间信息分析的新模式和新方法,空间关系和数据模型,人工智能引入等方面。

1.4.2 地理信息系统基本概念

(1)地理空间数据

地理空间数据,简称地理数据,是指以地理空间位置为参照,描述自然、社会和人文经济景观的数据,可以是图形、图像、文字、表格和数字,包括地理空间位置数据、属性数据、时域(间)数据。

(2)地理信息

地理信息是有关地理实体空间分布、性质、特征和运动状态的信息。它是对表达地理特征和地理现象之间关系的地理及环境数据的解释,是用文字、数字、符号、语言、图像等介质来表示事件、事物、现象等的内容、数量或特征。因此,地理信息是指与研究对象的空间地理分布有关的信息。它是表示地理系统诸要素的数量、质量、分布特征、相互联系和变化规律的图、文、声、像等的总称。

地理信息除了具有客观性、适用性、可传输性和共享性之外,还具有空间性、多维结构、海量、时序特征等特点。

空间性是地理信息区别于其他类型信息的最显著标志。地理信息属于空间信息,位置的识别与数据相联系,它的这种定位特征是通过公共的地理基础来体现的。

多维结构是指在同一位置上可有多种专题的信息结构。例如,某一位置上的地理信息是多维的。

海量是指地理信息的数据量大。

时序特征是指时空的动态变化引起地理信息的属性数据或空间数据的变化。因此,要实时采集和更新地理信息,使得地理信息具有现势性,以免过时的信息造成决策的失误,或因为缺少可靠的动态数据,不能对变化中的地理事件或现象做出合理的预测预报和科学论证。

1.4.3 地理信息系统组成

地理信息系统是一个用于地理数据采集、管理、查询、计算、分析与可视表现的计算机技术系统。一般而言,地理信息系统是一个具有多种功能的计算机软件系统。广义而言,地理信息系统包括用户、数据、软件和硬件。

用户是指 GIS 服务的对象,即使用地理信息系统的机构和人,分为一般用户和从事建立、维护、管理和更新的高级用户。

数据是描述地球表面空间分布事物的地理数据,它包括属性数据和空间数据。它是系统分析与处理的对象,构成系统的应用基础。

软件是指管理与分析地理数据的软件,支持数据采集、存储、加工和回答用户问题的计算机程序系统,如基于矢量的地理信息系统和基于栅格的地理信息系统。

硬件是指输入、存储、处理和输出地理数据的硬件。它包括解析测图仪、扫描仪等输入设备,计算机硬盘、光盘等存储设备,计算机、工作站等处理设备,打印机、绘图仪、显示终端等输出设备,服务器、网络适配器、传输介质、调制解调器等网络设备等。

1.4.4 地理信息系统应用

目前,地理信息系统在许多领域有着广泛的应用,包括:

在自然资源管理领域,GIS 被用于资源分布、统计、查询、资源评价与预测、资源合理开发利用、自然资源动态监测等。

在景观生态管理领域,GIS 被用于景观制图、生态演替模拟、廊道分析、景观生态结构、生态评价等。

在国土整治领域,GIS 被用于国土资源调查、国土开发、国土规划等。

在土地管理与房地产领域,GIS 被用于土地税收、房地产评估、土地信息查询、土地类型划分、土地评价、土地合理利用、土地规划、土地承载力计算等。

在土木工程与水利设施设计领域,GIS 被用于测量、选线、土方挖填、线路设计、断面设计、坡度和坡向分析等。

在城市管理、城市规划和市政工程领域,GIS 被用于小区详细规划、交通规划、公共设施布置、地下管网等。

此外,GIS 还被用在社会治安、消防、运输、商业与市场分析、金融与保险、邮递和电信、环境保护、石油、气象、地质、水土保持、农业、林业等多个领域,并提供着有力的技术支持。在这些领域中应用的地理信息系统尽管名称不同,但它们都是与具体部门相结合的地理信息系统软件。

1.5　全球卫星导航系统技术

2007 年 4 月 14 日，我国发射第一颗北斗导航卫星，标志着中国正式进入全球卫星导航系统俱乐部。2020 年 6 月 23 日北斗三号全球卫星导航系统星座部署全部完成，组网成功，实现了真正的全球覆盖。截至目前，全球仅有美国的 GPS、俄罗斯的格洛纳斯卫星导航系统（Global Navigation Satellite System，GLONASS）、欧盟的伽利略卫星导航系统（Galileo）以及我国的北斗卫星导航系统（BeiDou Navigation Satellite System，BDS）形成了全球规模，其他系统仅仅作为区域系统和广域增强系统在运行。

1.5.1　GNSS 构成

GNSS 又称天基 PNT 系统，其关键作用是提供时间/空间基准和所有与位置相关的实时动态信息，已成为国家重大的空间和信息化基础设施，也成为体现现代化大国地位和国家综合国力的重要标志，是经济安全、国防安全、国土安全和公共安全的重大技术支撑系统和战略威慑基础资源，也是建设和谐社会、服务人民大众、提升生活质量的重要工具。由于其广泛的产业关联度和与通信产业的融合度，能有效地渗透到国民经济诸多领域和人们的日常生活中，因而成为高技术产业成长的助推器，成为继移动通信和互联网之后的全球第三个发展最快的子信息产业的经济新增长点。由于其应用与服务的大众化、全球化特质，以及和通信与网络产业良好的互补性、融合性优势，且目前我国正处在 GNSS 产业爆发性增长的孕育期，所以具备成长为巨无霸产业的所有有利条件。对于卫星导航产业而言，中国的最大优势是有庞大的内需市场，中国移动通信市场规模现已名列世界第一，汽车销售市场也已跻身世界第二，两大市场恰恰是卫星导航的主流应用市场。《2021 中国卫星导航与位置服务产业发展白皮书》显示，2020 年中国已形成产值超过 4 000 亿元的应用与服务产业规模。

由于 GNSS 在国家安全和经济与社会发展中有着不可或缺的重要作用，世界各主要大国都竞相发展独立自主的卫星导航系统。GNSS 实际上泛指卫星导航系统，包括全球系统、区域系统及相关的星基增强系统（Satellite-Based Augmentation System，SBAS）。除了上述 GPS、GLONASS、Galileo、BDS 4 个全球卫星导航系统，增强系统主要包括美国的（Wide Area Augmentation System，WAAS）（广域增强系统）、欧洲的（European Geostationary Navigation Overlay Service，EGNOS）（欧洲静地导航重叠系统）、俄罗斯的（System of Differential Correction and Monitoring，SDCM）（差分改正和监测系统）、日本的（Multi-Functional Satellite Augmentation System，MSAS）（多功能卫星增强系统），此外印度等国也在建设自己的区域系统和增强系统，包括日本的准天顶卫星系统（Quasi-Zenith Satellite System，QZSS），印度的印度区域导航系统（Indian Regional Navigation Satellite Systen，IRNSS）和印度 GPS 辅助型对地静止轨道扩增导航系统（GPS Aided Geo Augmented Navigation，GAGAN），以及尼日利亚运用通信卫星搭载所实现的星基增强系统（NicomSat-1）。表 1.2 是 GNSS 所包括的已建、在建和计划建设的卫星导航系统一览表。

由于 GNSS 多个系统的存在，必然会出现协调与双边、多边的合作，集中讨论的问题是解决并实现 GNSS 系统间的兼容和互操作问题，要求确保兼容性，达到互操作。所谓的兼容性，是要求各种天基定位、导航、授时（Positioning Navigation and Timing，PNT）服务信号，无论是分开还是在一起，均不能互相干扰，即实现无线电频率的兼容和军用码与其他信号在频谱上的分隔。所谓的互操作，主要针对公用的信号，利用 GNSS 多个系统的民用天基 PNT 服务，为用户提供比单系统服务更好的能力，即用同一个接收机能同时接收 GNSS 四大系统的同样类型的信号，无须增加接收机的成本和复杂度。为了实现 GNSS 的兼容和互操作，促进国际的双边与多边合作，2005 年专门成立了全球卫星导航系统国际委员会（International Committee on Global Navigation Satellite Systems，GNSS ICG）。该委员会每年召开一次工作会议，其目的是促进与民用卫星定位、导航、授时和增值服务有关的问题及各种全球卫星导航系统的兼容性和互通性问题的合作和发展。以美国为例，它分别与欧盟、俄罗斯、印度、日本和澳大利亚等达成协议，欧盟则与中国、美国、以色列、韩国等国达成协议。

表 1.2　GNSS 所包含的卫星导航系统一览表

卫星导航系统名称	建设方	覆盖	建设状态	卫星数量（标称值）
GPS（全球定位系统）	美国	全球	已建成	31 个（MEO）
WAAS（广域增强系统）	美国	增强	已建成	3 个（GEO）
GLONASS（全球卫星导航系统）	俄罗斯	全球	已建成（在恢复）	24 个（MEO）
SDCM（差分改正和监测系统）	俄罗斯	增强	在策划中	2 个（IGSO）
Galileo（全球卫星导航服务）	欧盟	全球	在建设中	30 个（MEO）
EGNOS（欧洲静地导航重叠系统）	欧盟	增强	已建成	3 个（GEO）
BDS（北斗卫星导航系统）	中国	全球	已建成	24 个（MEO），3 个（GEO），3 个（IGSO）
QZSS（准天顶卫星系统）	日本	区域	在建设中	3 个（IGSO）
MSAS（多功能卫星增强系统）	日本	增强	已建成	2 个（GEO）
IRNSS（印度无线卫星导航系统）	印度	区域	在建设中	3 个（GEO），4 个（IGSO）
GAGAN（GPS 与静地增强导航）	印度	增强	已建成	3 个（GEO）
NIGCOMSAT-IR	尼日利亚	增强	已建成	1 个（GEO）

1.5.2　GNSS 应用产业发展趋势

当前国际卫星导航产业正经历前所未有的三大转变：从单一的 GPS 时代转变为多星座并存的 GNSS 新时代；从以车、船和飞行体应用为主转变为个人消费应用为主的市场新格局；从应用产品制造业为主逐步转变为运营服务为主的产业化新时期。

1.6　学习空间信息技术应具备的基础知识

空间信息技术作为一门多学科融合的快速发展技术，掌握其基本知识，对于发展空间信息技术十分重要。空间信息技术基础就是在认识空间信息技术的应用前景、了解空间信息技术的应用途径的基础上，掌握空间信息技术的基本概念和要素。因此，学习空间信息技术应具备的基础知识主要包括如下几个方面：

（1）坐标系统及其有关的岁差、章动及极移等知识

在空间信息技术中经常要涉及各种坐标系统，如天球坐标系、地球坐标系及轨道坐标系等。此外，太阳、月球和其他天体对地球赤道隆起部分的引力作用，使地球自转轴在空间缓慢地旋转，产生岁差和章动，从而使天球赤道坐标系中的赤道和春分点随时间而变化。因此，在天球赤道坐标系中处理不同时间的资料时就必须正确地顾及岁差和章动的影响。空间大地测量的最终目的是求得点在某一协议地球坐标系中的位置，而将天球赤道坐标系中的位置换算至协议地球坐标系中的位置时必须顾及地球自转以及极移的影响。可以这么说，空间信息技术经常采用的各种坐标实际上是通过岁差、章动、极移和地球自转而相互联系起来的。因此，掌握岁差、章动、极移和地球自转的知识就成为正确进行各种坐标系转换的基础。

本书第 3 章对上述内容进行了介绍。

（2）时间系统

在空间信息技术中经常涉及各种时间坐标，如世界时、力学时、原子时及协调世界时等。

本书第 4 章对时间系统进行了详细的介绍。

（3）人卫轨道理论

卫星量测在空间信息技术中占有极其重要地位。提到卫星就离不开它的运行轨道，卫星运动规律是一门学科，是空间信息技术的重要理论基础。

例如，在确定卫星轨道时，由于地理因素、政治因素及经费等方面的原因，所布设的地面跟踪站一般难以观测到整个轨道弧段，想要依据这些间断的观测值把整个卫星轨道计算出来就离不开人卫轨道理论。在卫星导航定位系统中实时定位用户，需要立即知道观测瞬间卫星在空间的位置，而地面跟踪网的观测、数据传输、轨道计算及将结果注入卫星都需要时间，也就是说必然会有一段时间滞后，所以必须进行轨道预报。即根据某段时间的卫星跟踪观测资料计算出该段时间内的卫星实际轨道，然后根据卫星的受力情况预先估计出下一个时段（例如预估 16 h 或 24 h）卫星的运动轨道并注入卫星供用户使用。这种预报或者说外推工作同样离不开人卫轨道理论。又例如，根据卫星轨道摄动来确定地球重力场时，我们首先需精确测定在某段时间内卫星轨道的变化，这些变化是地球重力场和其他摄动因素（如大气阻力、光压力、潮汐等）共同作用的结果；然后需精确计算出其他摄动因素会使轨道产生什么样的变化，并将其从总的轨道变化中扣除掉，留下的部分就是由地球重力场而引起的；最后再从这些轨道变化中反求出地球重力场模型。显然，为了完成上述工作，也必须掌握人卫轨道理论。

此外，在进行卫星定位时也经常会涉及一些有关人卫轨道的知识。例如，采用轨道松弛法进行定位，根据卫星广播星历给出的参数计算卫星的瞬时位置等。

本书第 5 章对人卫轨道理论进行了简要的阐述。

第2章　全球卫星导航系统

全球卫星导航系统(GNSS)是指能为地球表面或近地空间的任何点的用户提供全天候的三维位置坐标、速度以及时间信息的空基无线电导航系统。广义来讲,它还包括支持其特定工作所需的增强系统。卫星导航定位是近半个世纪以来发展最为迅速、应用最为广泛的空间信息技术之一。

2.1　GNSS 绪论

全球卫星导航系统是能在全球范围内提供导航服务的卫星导航系统的通称,GNSS 实现了全球性、全天候、高精度的导航目标。作为一种位置信息传感系统,卫星导航系统与国民经济建设息息相关,是一种重要的信息资源。卫星导航系统的设计思想,最初是由美国约翰斯·霍普金斯大学应用物理实验室的几名研究人员提出来的。研究人员在对苏联 1957 年 10 月 4 日发射的第一颗人造地球卫星进行无线电信号接收跟踪时,发现卫星通过接收站视界时,接收到的无线电信号的多普勒频移曲线与卫星运动轨迹有着非常密切的关系。这意味着固定在地面某点的接收站,只要测得卫星通过其视界期间的多普勒频移曲线,就可以确定卫星运行的轨道。研究人员设想将这个顺序颠倒过来也应成立,即如果已经准确知道卫星在轨道上各点的位置,那么通过测量卫星信号的多普勒频移曲线,便可测出地面观测者的位置。随之诞生了最早的卫星导航系统,即子午仪卫星导航系统。

(1)GPS

目前正在运行的 GNSS 中,使用最广泛的是由美国国防部设计实施的全球定位系统 GPS。GPS 标称是由在接近 12 小时轨道上的 24 颗卫星组成的,但目前实际在轨卫星超过 30 颗。GPS 除了军事应用之外,还广泛应用于商业和公共服务领域。随着科技的进步、对 GPS 的不断开发以及军用与民用对 GPS 性能要求的不断提高,美国于 1999 年正式提出了对 GPS 的现代化改造计划,希望通过对其空间部分和地面监控部分的改进,特别是改进 GPS 信号,以全面提升 GPS 的军用和民用性能。GPS 现代化计划的进程安排分为三个阶段:

第一阶段,通过发射 Block ⅡM-R 卫星增加播发民用 L2C 和军用 M 码信号的能力,预计到 2023 年将有 24 颗卫星具备 L2C 信号播发能力。

第二阶段,通过发射 Block ⅡF 卫星增加播发 L5C 信号的能力,预计到 2027 年将有 24 颗卫星具备 L5C 信号播发能力。

第三阶段,通过发射 Block Ⅲ卫星和 Block ⅢF 卫星增加播发 L1C 信号的能力,第一颗具有该能力的卫星已于 2018 年发射。

尽管 GPS 得到了普遍应用,但是很多国家和组织仍致力于研究可替代它的系统。原因包含如下两方面:

首先,因为 GPS 是一个由美国国防部操纵和控制的系统,有些用户想要保有不唯一基于 GPS 的导航能力。

其次,从技术方面考虑,由于 GPS(或者任何其他单一的 GNSS)是一个单系统,仅仅一个失误就会导致大量用户得到错误的位置,甚至得不到服务;反之,多 GNSS 可以提供一定程度的冗余,可在一定程度上增加 GNSS 应用的鲁棒性。

(2)GLONASS

除了 GPS,目前在全球范围内完全投入运行的另一个 GNSS 是由俄罗斯研制建设和管理维护的 GLONASS。1996 年 1 月 8 日通常被视为 GLONASS 进入全面运行能力(Full Operational Capability,FOC)状态的里程碑式的日子。但是在经历了短暂的荣耀后,GLONASS 又随即转为败落。1996 年 GLONASS 进入全面运行能力的状态后不久,便受到俄罗斯工业与经济连续衰退下滑的牵连,维护越来越受到负面的影响。之后很长的一段时间内,由于空中正常工作的卫星数目不足,运行不可靠,GLONASS 不能独立建网运行,从而没有受到应有的关注。直到 2001 年,俄罗斯政府在联邦 GLONASS 计划中批准了在 2002 年至 2011 年保证对 GLONASS 提供足够资金支持,在 2011 年前完成对系统的恢复,并对其进行现代化改造。2011 年,GLONASS 恢复到了全面运行能力的状态。

与 GPS 一样,GLONASS 也正在实施其现代化计划,对其空间星座部分和地面监控部分,特别是信号部分进行改进。事实上,比在卫星数量方面的增加更为重要的是,GLONASS 作为整个系统,在其现代化计划中将在质量方面进行全面提升。此外,俄罗斯政府还与美国发布联合声明,致力于改进 GLONASS 与 GPS 和 Galileo 之间的兼容与互操作性,计划改用 GPS 频率作为信号播发频率,并已经增加发射了 CDMA 型导航信号。但 GLONASS 向 CDMA 转移并不意味着 GLONASS 将彻底放弃 FDMA,而事实上考虑到安全和向后兼容等因素,它的 FDMA 和 CDMA 信号将共存,只不过这样需要增加卫星载荷,在实体上表现为卫星质量和能耗的增加。

(3)Galileo

Galileo 是由欧盟研制建设和管理的全球卫星导航系统。它既是 GPS 的替代物,又是对 GPS 的补充,能为全球用户提供实时的三维位置、速度和时间信息,包括开放、商业、生命安全、公共授权和搜救支持等服务。

2005 年 12 月,第一颗 Galileo 试验卫星 GIOVE-A 成功发射,运行周期为 14 h,并于 2006 年 1 月 12 日开始播发导航信号。2008 年 4 月,Galileo 系统的第二颗试验卫星 GIOVE-B 成功发射,它是 Galileo 卫星的真实原型版。2011 年 10 月,分别称为 PFM 和 FM2 的 2 颗 Galileo 在轨验证(In-Orbit Validation,IOV)卫星以“一箭两星”形式被同时发射升空,它们也是第一颗和第二颗 Galileo 工作卫星。接着,2012 年 10 月,2 颗分别称为 FM3 和 FM4 的 Galileo IOV 卫星又被发射升空。这 4 颗 IOV 卫星将成为未来由 30 颗卫星构成的 Galileo 正式星座的一部分。Galileo 系统于 2019 年具有了全面运行能力。2020 年年初,Galileo 系统 26 颗卫星中,22 颗正常运转并提供服务,2 颗在测试中。Galileo 系统采用了一种面向服务的设计方式,它在这些信号上提供以下五类不同级别的服务。

①开放服务(Open Service,OS):与其他 GNSS 一样,Galileo 系统通过播发一些公开的导航信息向全球用户提供免费的定位、测速和授时服务;然而,开放服务不提供完好性信息,不做任何性能担保,一切由用户自己选择信号使用,并承担使用信号的风险。

②生命安全服务(Safety of Life,SOL):主要针对安全关键性的应用与用户,比如包括航空、海事和火车在内的交通领域,其性能好坏会影响到用户的生命安危。

③商用服务(Commercial Service,CS):Galileo 信号的全球覆盖性对需要全球性数据播发

的应用来讲具有很明显的优势，而 Galileo 的商用服务正是面向需要比开放服务性能更高的专业应用市场，通过经加密后的电文数据信息向一些商业性专业应用提供服务，并且 Galileo 担保商用服务的有效性，只不过该民用服务需要授权才能获取。

④公共管制服务（Public Regulated Service，PRS）：该服务通过 E1A（E1 频点上的信号成分）和 E6A（E6 频点上的信号成分）两个信号，提供高度加密保护的数据信息，给经欧盟成员国政府授权的警察、海关和消防等用户使用，甚至可以被军用。PRS 服务强调其高连续性，即不论在什么时候、什么情形下均能正常运行，其优势还在于其信号的鲁棒性，能抵抗各种干扰和欺骗。

⑤搜寻与援救服务（Search and Rescue，SAR）：该服务面向国际人道搜救，它可与 COSPAS-SARSAT 系统联合操作，是欧洲对国际 COSPAS-SARSAT 系统的贡献。其中，COSPAS-SARSAT 系统是由加拿大、法国、美国和苏联联合开发的全球卫星搜救系统。

（4）北斗卫星导航系统

得到 IMO 认可的 GNSS，除了 GPS、GLONASS 和 Galileo 之外，目前还有我国的北斗系统。北斗系统是我国正在实施的自主研发、独立运行的 GNSS，其目标是在全球范围内全天候、全天时为各类用户提供高精度、高可靠性的定位、导航、授时服务，并兼具短报文通信能力。它与 GPS、GLONASS 和 Galileo 系统一起被誉为全球四大 GNSS。

北斗系统的建设，根据“质量、安全、应用、效益”的总要求，坚持“自主、开放、兼容、渐进”的发展原则，按照“先区域，后全球”的总体思路，采取“三步走”的发展战略稳步推进。

第一步，在 2000 年初步建成了北斗卫星导航试验系统。我国早在 20 世纪 70 年代就开始了导航卫星的论证和研究工作，接着在 80 至 90 年代制定并开展了“北斗一号”工程建设，其目的是利用少量的地球静止轨道卫星来完成导航任务，为北斗卫星导航系统建设积累技术经验、培养人才，研制一些地面应用基础设施设备等。我国自 2000 年 10 月起陆续发射了北斗一号系统试验卫星，2002 年系统试验运行，成为继美、俄之后的世界上第三个拥有自主卫星导航定位系统的国家。

第二步，2012 年北斗卫星导航（区域）系统为中国及周边地区提供服务。在取得了北斗卫星导航试验系统建设成果的基础上，我国于 2004 年批准建设第二代北斗卫星导航系统，即“北斗二号”区域系统，并于 2007 年正式动工。第二代北斗卫星导航系统一方面采用了与 GPS 一样的单向时间测距的被动式导航体制，以实现无源定位，使用户容量不再受限；另一方面又继承了北斗一号已有的星地双向测试、测距和简短报文通信等一些成熟技术。截至 2012 年年底，北斗卫星导航（区域）系统完成了 14 颗卫星的发射组网，其中包括 5 颗地球静止轨道卫星（The Geostationary Orbit，GEO）、5 颗倾斜地球同步轨道卫星（Inclined GeoSynchronous Orbit，IGSO）和 4 颗中圆地球轨道卫星（Medium Earth Orbit，MEO）。截至 2012 年年底，北斗卫星导航（区域）系统的在轨工作卫星有 5 颗 GEO 卫星和 5 颗 IGSO 卫星，并且该系统已经开始向我国及周边地区提供连续的导航定位和授时服务。

第三步，2020 年全面建成北斗卫星导航系统。中国自主研制的北斗卫星导航系统从 2009 年起进入了组网高峰期；2018 年，面向“一带一路”沿线及周边国家提供基本服务；2020 年完成了 35 颗卫星发射及其全球组网计划，形成了覆盖全球的卫星导航定位系统。

其中，北斗一号的定位原理不同于其他的 GNSS，它是基于三球相交原理。其原理简述如下：地面中心站检测出用户发出的定位应答信号分别传播到两颗卫星的两个时间延迟，而由于地面中心站和两颗卫星位置是已知的,所以根据这两个时间延迟量,地面中心站可以计算出用户到第一颗卫星的距离,以及用户到两颗卫星的距离之和;已知用户处在以第一颗卫星为球心的一个球面和以两颗卫星为焦点的椭球面的交线上,地面中心站接着调用电子高程图,查寻到用户的高程值,即确定了第三个球面,如此即可计算出用户所在位置的三维坐标。对于那些无数字高程图的区域,用户则需要提供所在位置的气压测高信息。

2.1.1 GNSS 用户框架

采用多种配置使用 GNSS 信号进行导航是可能的,以下是一个最通用配置的概述。

(1)独立卫星导航

独立卫星导航是 GNSS 导航的基本方法,接收信号只来自一个 GNSS 星座,如公用的 GPS 标准定位服务(Standard Positioning Service,SPS)。它包括的应用只用一个独立的 GPS 接收机辅助船只在进出港时确定位置。由于独立的 GNSS 只能用于有限的应用,很多应用需要的精度等性能比独立 GNSS 所能提供的更高,因此,GNSS 常与其他传感器和信号结合使用。

(2)差分 GNSS(DGNSS)(Differential Global Navigation Satellite System)导航

差分系统主要是为了改进 GNSS 接收机位置估计的精度,同时也提供位置完好性的信息。经常使用差分载波相位 GNSS 的一个例子是测绘工程。“差分”是指引入差值来抑制独立导航估计中存在的一些误差,以改善用户对于自身位置的认知。差分系统通常包含一个参考系统,用于测量某些卫星系统误差并通过无线电链路传输给附近的用户。覆盖北美的广域增强系统(WAAS)就是此类系统的一个例子。

(3)网络辅助 GNSS(Assisted-Global Navigation Satellite System,A-GNSS)导航

一个通信网络无论何时被用于为 GNSS 接收机传递消息,它都可叫作接收辅助。这种方式被称为辅助 GNSS 或 A-GNSS。鉴于此,前面描述的 DGNSS 可被看作 A-GNSS 的子集。这种辅助通常是对别处计算的原始观测量的校正,然后用无线链路发送给远处的接收机。然而,与 DGNSS 不同的是,在 A-GNSS 中这种辅助包括更多的基础信息,用来辅助接收机快速定位,或者在定位中扩展卫星信息的有效性。例如,每个 GNSS 卫星用带有轨道信息、时钟参数、完好性信息和状态信息的信号传送数据,用以估计卫星位置。信息以相对低的速率(如在 GPS L1 C/A 信号中 50 Hz 或每数据位 20 ms)被调制成卫星信号,这样的速率被认为是一个缺点。然而在 A-GNSS 中,在要求更快速地进行首次定位时,必要的卫星信息和用户近似位置通过外部确定(例如,使用参考站和中央服务器)并发送到用户接收机。这是在基于移动电话和汽车的卫星导航系统中广泛使用的一个方法。

以这种方式使用卫星导航数据,大大提高了接收机性能和降低了接收所需的处理负荷的潜力。A-GNSS 的这个优点在使用基于软件的 GNSS 接收机领域尤其适用,因为在这些接收机中对处理负荷的管理非常重要。

另外值得注意的是,包含在卫星信号中的导航数据只在很短的一段时间内有效(确切地说,只有几小时)。这就有机会用以扩展卫星轨道参数可用的持续时间。利用建模技术来预测有足够定位精度的 GNSS 卫星的位置,可以定位到未来几周的时间。此有效期的扩展在网络辅助系统中非常有用,尤其是接收机在复杂的环境中运行时,普遍存在跟踪失锁导致的来自卫星的导航数据不完整。

(4)GNSS 和组合导航

虽然 GNSS 提供了空前的准确度和无处不在的导航,但它也有众所周知的缺点。许多缺点可以通过使用组合导航系统得到显著改善。比如,GNSS 的缺点是信号对偶然的和恶意的无线频率干扰(Radio Frequency Interference,RFI)或人为干扰很敏感,而且信号不易在很多车辆导航和制导应用中提供必不可少的姿态解或定位解。即使在定姿中使用 GNSS 取得了相当大的成功,也需要特殊的接收机和分放在不同位置的多个天线。上面提到的缺点可以使用多传感器或组合导航系统进行抑制,多传感器或组合导航系统与来自多传感器的信息结合,以产生对车辆导航状态矢量的估计。

惯性导航系统(Inertial Navigation System,INS)与 GNSS 组合已经取得了相当大的成功。GNSS 和 INS 间的这种融合是互补的,INS 帮助弥补 GNSS 的缺点,反之亦然。其他经常与 GNSS 组合的传感器包括气压高度计、激光雷达、磁力计和其他射频信号,但并不只限于这些。

(5)GNSS 室内导航

卫星导航主要是为对卫星可见的户外应用设计的。然而,室内对功能可靠的导航设备的需求有所增加。如前所述,为了能在室内准确地工作,经常需要用外部传感器来增强 GNSS 信号。这些传感器可能包括穿透建筑物的其他射频信号,或者在 GNSS 信号不可用时可以使用的其他外部信息源。使用 GNSS 的可靠的室内导航系统仍是很多研究的主题,计划增加的新信号和卫星将对其产生帮助。

(6)基于位置的服务

卫星导航快速增长是基于位置服务的应用。它是指使用位置信息来增强或启动现有设备的附加功能,比如手机,它可以结合上面提到的所有用户结构一起应用。在这些应用中主要关心的不是用户的位置,而是这个位置如何与用户的环境相联系。一个常见的例子是有人找寻他们所在位置附近的饭店或酒吧。在这个例子中,用户的位置由 GNSS 或其他系统提供,可作为检索地图的一个参考,在地图上突出用户附近的兴趣点。GNSS 定位信息与外部地图和数据库的这种结合是大量应用的重要趋势。

2.1.2 GNSS 应用

当前,GPS 是军用和民用用户使用的最主要的 GNSS。然而,未来随着新系统的投入使用,用户将有多种 GNSS 选择供支配。这些在大多数情况下免费并且在全球可用的 GNSS 信号将被应用于改善那些由 GPS 开创的应用。本书中我们将 GNSS 应用分成以下几类。

(1)个人导航

个人导航由帮助徒步旅行的人们进行导航的应用组成。比如徒步旅行者使用的个人导航设备。这项技术目前正在进入手机和 PAD 领域,将卫星导航扩展到了广大的民用用户群中。

(2)航空应用

航空应用包括航路导航以及精密进近和着陆应用,要求具有非常高的准确性和鲁棒性。

(3)汽车应用

基于 GNSS 的系统使很多提高操作简易性的汽车应用发展起来。最简单和广泛应用的系统可以指示驾驶员从出发地用最少的迂回到达目的地。然而,还有更精确的基于 GNSS 的应用能提高汽车操作的安全性。一个应用的例子就是实时估计车辆参数来改进车辆操作性能。

(4)弱信号导航

在此应用中 GNSS 信号质量非常差。例如,有些应用(如室内导航),在信号高度衰减的情况下,出于对鲁棒性的考虑,GNSS 的定位解必须为最优。在这些应用中,独立的 GNSS 定位并不可靠。

(5)航海应用

航海应用是 GNSS 的原始民事应用之一,GNSS 也非常适用于这一应用。这是由于天空视野清晰,且大多数海事应用的精度要求不太高。今天,GNSS 接收机已经是各类船只上的标准配备,并且对海事领域提供了非常有价值的服务。大多数海事应用使用某种形式的独立导航。

(6)空间应用

已经证明 GNSS 接收机是地球轨道卫星上非常有价值的工具。GNSS 接收机主要用在低轨道卫星中,然而目前它们的应用已经扩展到更高高度的空间飞行器上。在空间应用中,GNSS 有潜力被用作定姿传感器。

(7)农业、林业和自然资源探测

这些不同的应用包括地理监控、森林管理、采矿和勘探。通常将 GNSS 实地测量和地理信息系统工具结合,产生精确的区域地图,用于资源监控和管理。

(8)大地测量与测量学

这个应用也许是由 GNSS 信号的公用性产生直接利益的最好例子。大地测量应用要求厘米级或毫米级的精确定位信息,包括诸如监控地壳板块或冰架的移动之类的应用,经常涉及大量的后续处理。同样地,GNSS 测量应用已经更普遍,并且一般有更宽松的精确性要求。

(9)科学应用

除了大地测量和测量学之外,有人试图在大量的科学研究领域使用 GNSS,包括在环境遥感和空间气候研究中使用 GNSS 信号。

(10)授时应用

授时和频率标准是一个庞大而快速扩展的应用领域。在这个应用中,基于 GNSS 的时间信号用来同步大型电信网络。

虽然上述应用绝不可能穷尽所有的 GNSS 应用,但它们确实展示了 GNSS 的用途和多样性。当我们考虑 GNSS 与其他辅助传感器融合时,其实用性和多样性还会大幅增加,使得单独使用 GNSS 不可能实现的应用得以实现。这种性能的提高有以下三种实现方式:

①当 GNSS 信号暂时不可用或质量很差时,其他辅助传感器可以提供位置、速度或时间的解。

②来自其他互补传感器的信息提高了 GNSS 接收机在跟踪信号时的鲁棒性和准确性。也就是说,来自其他传感器的信息可以用于影响 GNSS 接收机处理接收到的卫星信号的方式。

③辅助传感器和 GNSS 一起组合使用,可以提高单个传感器所无法提供的应用。其他能与 GNSS 结合的传感器的例子有:惯性测量单元、激光雷达、其他射频发射机和罗兰系统。

2.1.3　定位性能评估

尽管 GNSS 性能通常由单一标量(如准确性)来衡量,但完整的性能特征应使用多个指标来描述。这是由于不同用户寻求的性能质量不同,也反映出用户的特殊应用。例如,GNSS 航空用户要求他们使用的导航方案能使完好性风险最小。完好性用来度量未检测到的危险的导航错误发生的可能性。除了准确性和完好性之外,其他两种通常用来描绘 GNSS 性能的指标是连续性风险和可用性。连续性风险是在开始一个操作后检测到但没有预计到的导航功能发生中断的概率。可用性被定义为一个导航系统以特定水平的准确性、完好性和连续性提供导航解所占用的时间。由这些定义可以很清楚地看到导航系统的性能依赖于在特定的时间被使用的环境和特殊场景。因此,对于一个给定的基于 GNSS 的系统,若不考虑其应用,要提供有意义的量化其性能的描述是很困难的。所以,更有意义的简单比较是定性描述一个 GNSS 增强系统相对于独立 GNSS 的性能如何。表 2.1 给出了各类 GNSS 用户结构提供的性能增强的定性比较。

表 2.1　由各类 GNSS 用户结构提供的性能增强的定性比较

	准确性	可用性	完好性	连续性	覆盖范围(服务量)
独立 GNSS	—	—	—	—	—
DGNSS	增加	增加	增加	—	相同
A-GNSS	相同	增加	不适用	增加	增加
GNSS/INS	相同/增加	增加	相同/增加	增加	相同/增加

2.2　GNSS 组成结构

GNSS 通常由 3 个系统段组成:空间段、控制段和用户段。空间段包括在轨卫星,它们向用户设备提供测距信号和数据电文。控制段对空间的卫星进行跟踪和维护。控制段监测卫星的健康状况和信号的完好性,并维持卫星的轨道布局。此外,控制段会更新卫星的时钟校正量和星历,以及其他许多对确定用户位置、速度和时间(Position Velocity and Time,PVT)至关重要的参数。用户段(即用户接收机设备)完成导航、授时和其他有关的功能,如测绘等。下面对每个系统段进行简要概述。

(1)空间段

空间段即卫星星座,用户根据该星座的卫星进行测距测量。空间飞行器(即卫星(Space Vehicle,SV)发射进行测距测量的伪随机噪声(Pseudo-Random Noise,PRN)码信号。GNSS 对用户来说是无源系统,即 GNSS 只发射信号,而用户只接收信号。所以,可以有无数的用户同时使用 GNSS。卫星发射的测距信号由包含卫星位置信息的数据进行调制。卫星包括有效载荷和飞行器控制子系统。最主要的有效载荷是导航载荷,用于 GNSS PVT 任务;其他有效载荷包括核爆炸检测系统,用于检测和报告基于地球的辐射现象。飞行器控制子系统完成诸如维持卫星指向地球、太阳能板指向太阳等功能。

GPS 系统卫星星座的标称配置为 24 颗卫星。在这种配置下,卫星位于 6 个地心轨道平面内。每个轨道平面有 4 颗卫星。GPS 卫星的额定轨道周期是半个恒星日,即 11 h 58 min。各轨道接近于圆形,且沿赤道以 60°间隔均匀分布,相对于赤道面的倾斜角额定为 55°。从地球质心到卫星的额定距离,即轨道半径,大约为 26 600 km。这一卫星星座为全球用户提供 24 h 的导航定位和授时确定服务。

北斗三号卫星导航系统标称的空间星座由 3 颗地球静止轨道(GEO)卫星、3 颗倾斜地球同步轨道(IGSO)卫星和 24 颗中圆地球轨道(MEO)卫星组成。GEO 卫星的轨道高度为 35 786 km,分别定点于东经 80°、110.5°和 140°;IGSO 卫星的轨道高度为 35 786 km,轨道倾角为 55°;MEO 卫星的轨道高度为 21 528 km,轨道倾角为 55°,分布于 Walker24/3/1 星座。系统视情部署在轨备份卫星。

(2)控制段

控制段(Control Segment,CS)的责任是维护卫星和维持其正常功能,包括将卫星保持在正确的轨道位置(位置保持)和监测卫星子系统的健康与状况。CS 也监测卫星的太阳能电池、电池的功率电平以及用于机动的推进燃料量。此外,CS 还激活备份卫星以维持系统的可用性。CS 至少每天更新一次每颗卫星的时钟、星历和历书,以及在导航电文中的其他指示量。当需要提高导航精度的时候,更新将更加频繁,频繁的时钟和星历更新降低了由空间和控制因素所产生的测距误差。

星历参数是对 GNSS 卫星轨道的精密拟合,对于每天一次的常规上行加载时间表,只在 4 h 的间隔内有效。根据不同的卫星批号,导航电文数据可以存储从最短 14 天到最长 210 天的期限,对于不频繁的每两周一次的上载,拟合间隔为 4 h 或 6 h;如果超过两周不能上载,拟合间隔为 6 h 以上。历书是星历参数的一个简化的子集,其精度也要低一些。历书由 15 个星历轨道参数中的 7 个组成。历书数据用来预测近似的卫星位置,并辅助对卫星信号进行捕获。此外,CS 判定卫星的异常,控制反欺骗技术(Anti-Spoofing,AS),并在远程监测站进行伪距和载波相位测量,以确定星钟改正数、历书和星历。为完成上述功能,控制段由 3 个不同的物理部分组成:主控站(Master Control Station,MCS)、监测站和注入站。

主控站是 GNSS 的运行控制中心,主要任务包括:

①收集各时间同步/注入站、监测站的导航信号监测数据,进行数据处理,生成并注入导航电文等;

②负责任务规划与调度和系统运行管理与控制;

③负责星地时间观测比对;

④卫星有效载荷监测和异常情况分析等。

注入站主要负责完成星地时间同步测量,向卫星注入导航电文参数。

监测站对卫星导航信号进行连续监测,为主控站提供实时观测数据。

(3)用户段

用户段主要由用户接收设备组成。用户接收设备通常称为 GNSS 接收机,用于处理从卫星发射的 L 波段信号,进而确定用户位置、速度和时间。确定 PVT 是 GNSS 接收机最普遍的应用,GNSS 接收机也可设计用于其他用途,如计算用户平台的姿势,即航向、俯仰和横滚角,或作为定时源。此外,广义的用户段除用户设备外,还包括应用系统和应用服务等。

2.3　GNSS 定位原理

GNSS 利用到达时间(Time Of Arrival,TOA)测距原理来确定用户的位置。这种原理需要测量信号从位置已知的发射源(例如雾号角、无线电信标或卫星)发出至到达用户接收机所经历的时间。将信号传播时间的时间段乘以信号的速度(如音速或光速),便得到从发射源到接收机的距离。接收机通过测量从多个位置已知的发射源(即导航台)所广播的信号的传播时间,便能确定自己的位置。下面提供一个二维定位的例子。

(1)二维位置确定

考虑在海上的船员用雾号角确定其船位的情形。假定船只装备有精确的时钟,并且船员知道船只的大体位置。还假设雾号角准确地在分钟标记时发声,并且船只的时钟与雾号角的时钟是同步的。船员记下从分钟标记到听到雾号角的声音所经历的时间。雾号角号音的传播时间便是雾号角的号音离开雾号角并传到船员的耳朵所经历的时间。这个传播时间乘以音速(大约 335 m/s),便是从雾号角到船员的距离。如果雾号角信号经过 5 s 到达船员的耳朵,那么船员至雾号角的距离为 1675 m。将这个距离记为 R_1。这样,借助于一个测量值,船员便知道船只处于以雾号角为圆心、半径为 R_1 的圆上的某一个地方,如图 2.1 所示,此雾号角记为 1 号雾号角。

假设船员用同样的方法同时测量了至第二个雾号角的距离,那么船只至 1 号雾号角的距离为 R_1,至 2 号雾号角的距离为 R_2,如图 2.1 所示。这里假定了各雾号角号音的发送均同步于公共的时间基准,而且船员知道两个雾号角号音的发送时刻。因此,相对于这些雾号角来说,船只位于测距圆的交点之一上。由于假设了船员知道大致的船位,所以可以去掉那个不大可能的定位点。还可以对第三个雾号角做距离测量,以消除这种多值性。

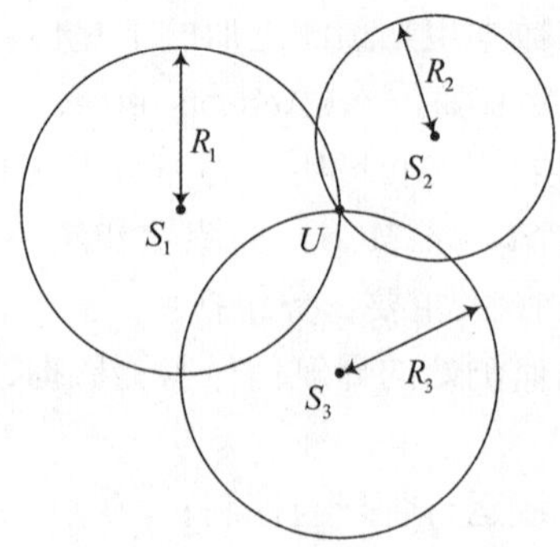

图 2.1　二维位置定位图

①公共时钟偏差和补偿

上述推演假设了船只的时钟与雾号角的时间基准是精确同步的,然而情况可能并非如此。假定船只的时钟比雾号角的时间基准早 1 s,亦即船只的时钟相对于分钟标记提前 1 s。由于这种偏差,由船员测量出的传播时间间隔将多出 1 s。因为每次测量都使用了相同的、不正确的时间基准,所以对每次测量来说,时间偏差是相同的,即偏差是公共的。这个时间偏差等效于 335 m 的距离误差,记为 ε。

②独立的测量误差对位置不确定性的影响

如果要上述假设的场景付诸实现,由于大气效应、雾号角时钟相对于雾号角时间基准的偏移以及号音受到干扰等原因造成的误差,TOA 测量值不会是完全理想的。和上述船只始终偏移的情况不一样,这些误差一般说来是独立的,对每个测量值来说不是公共的。它们将以不同的方式影响每一次测量,从而导致距离计算不精确。图 2.2 显示了独立误差,即 ε_1、ε_2 和 ε_3 对位置确定的影响。但仍然假设雾号角时间基准与船员时钟是同步的。此时,这三个测距圆不相交于一个点,船位在三角误差区中的某一个地方。

(2)通过卫星产生的测距信号确定位置的原理

GNSS 内利用 TOA 测距来确定用户位置。借助于对多颗卫星的 TOA 测量,便可确定出三维位置。我们将会看到,这种技术与前面的雾号角的例子是类似的,只是卫星测距信号以光速传播,大致为 3×10^8 m/s。这里假定卫星星历是准确的,即卫星的位置是精确已知的。

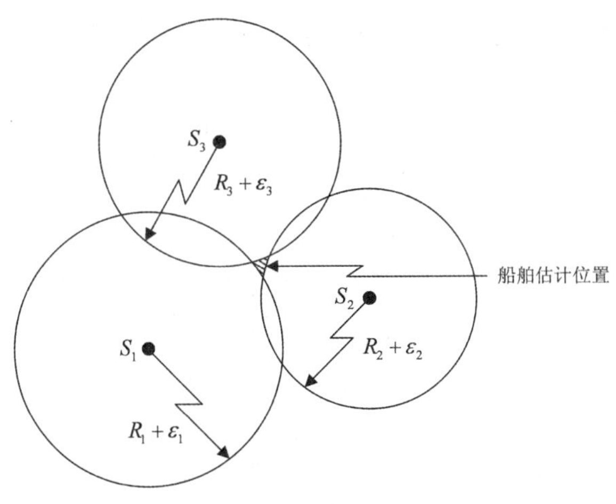

图 2.2　雾号角实际定位图

假定有一颗卫星正在发射测距信号。卫星上的一个时钟控制着测距信号广播的定时。这个时钟和星座内每一颗卫星上的其他时钟与一个内在系统时标(后文中简称系统时)有效同步。用户接收机也包含有一个时钟,我们暂时假定它与系统时同步。定时信息内嵌在卫星的测距信号中,使接收机能够计算出基于星钟时的信号离开卫星的时刻。记下接收到信号的时刻,便可以算出卫星至用户的传播时间。将其乘以光速便求得卫星至用户的距离 R。将用户定位于以卫星为球心、以 R 为半径的球面上的某一个地方。如果同时用第二颗卫星的测距信号进行测量,又将用户定位在以第二颗卫星为球心的第二个球面上。因此,用户将同时在两个球面上的某一个地方,有可能在图 2.3 所示的两个球的相交平面即阴影圆的圆周上,或者在两个球面相切的单一点上,即此时两个球面刚好相切。后一种情况只能发生在用户与两颗卫星处于一条线上时,这并不是典型的情形。

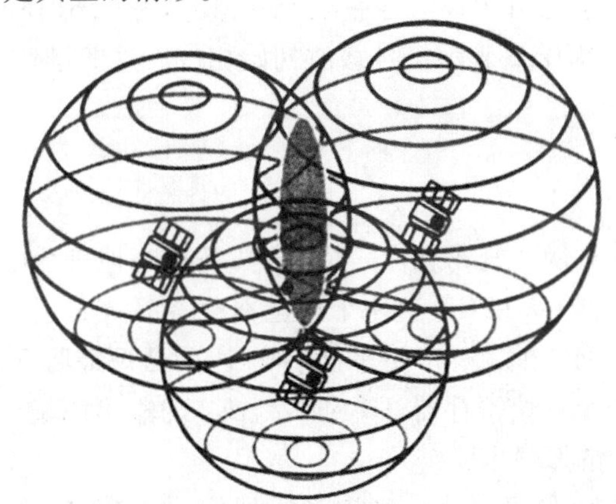

图 2.3　卫星定位图

利用第三颗卫星重复进行上述测量过程,便将用户同时定位在第三个球面和上述圆周上,第三个球面和圆周相交于两个点。然而,其中只有一个是用户的正确位置。图2.4 是球面相交概况。可以看到,这两个待选的位置相对于卫星平面来说互为镜像。对于地球表面上的用户来说,很显然较低的一点是真实位置。然而,对于地球表面以上的用户来说,可能会使用来自负仰角上的卫星测量值,这就使解决多值性问题复杂化了。飞机或空间运载体上的接收机的位置解有可能在包含卫星的平面之上,也可能在其之下。需要有辅助信息才能确定。

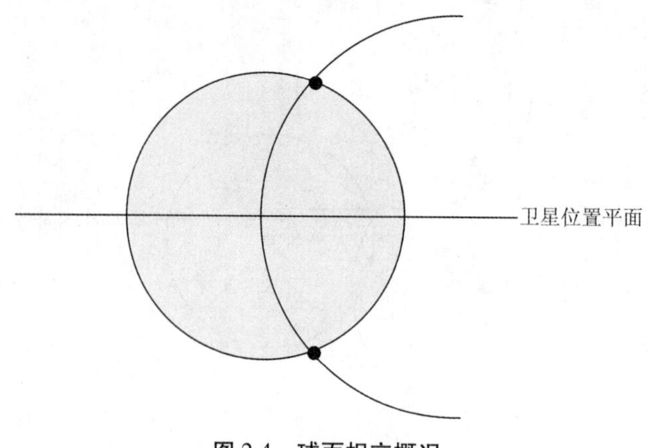

图 2.4　球面相交概况

2.4　GNSS 信号

GNSS 信号通常由载波、伪随机码和导航电文三部分组成。下文主要以 BDS 提供 RNSS 服务的 B1I 和 B3I 为例加以介绍。

B1I 和 B3I 信号在北斗二号和北斗三号的 MEO、IGSO 和 GEO 上播发,提供公开服务。B1I 和 B3I 信号均由“测距码+导航电文”调制在载波上构成,其信号表达式为:

$$S_{\mathrm{B1I}}^{j}(t) = A_{\mathrm{B1I}} C_{\mathrm{B1I}}^{j}(t) D_{\mathrm{B1I}}^{j}(t) \cos(2\pi f_1 + \varphi_{\mathrm{B1I}}^{j}) \tag{2.1}$$

$$S_{\mathrm{B3I}}^{j}(t) = A_{\mathrm{B3I}} C_{\mathrm{B3I}}^{j}(t) D_{\mathrm{B3I}}^{j}(t) \cos(2\pi f_3 + \varphi_{\mathrm{B3I}}^{j}) \tag{2.2}$$

式(2.1)、(2.2) 中,上角标 j 表示卫星编号;A 表示信号振幅;C 表示信号测距码;D 表示调制在信号测距码上的导航电文;f_1 表示 B1I 信号载波频率,其值为 1 561.098 MHz;f_3 表示 B3I 信号载波频率,其值为 1 268.520 MHz;φ 表示信号载波初始相位。这些量的下标 B1I、B3I 表示信号类型。

2.4.1　伪随机码

本文以 B1I 信号为例对伪随机码进行介绍。图 2.5 粗略地表示出 C/A 码发生器。C/A 码发生器包含两个移位寄存器 G1 和 G2,这两个移位寄存器都是 11 位的,可以产生长度为 2 046 的线性序列。两个线性序列经模二加产生平衡 Gold 码后截短最后 1 码片产生 C/A 码。

C/A 码发生器包括两个移位寄存器:G1 和 G2。G2 的输出依赖于相位选择器。相位选择器的不同配置会产生不同的 C/A 码。

每到第 2 046 个周期,移位寄存器会变为初始相位,码重新开始产生。G1 寄存器的生成多项式为:

$$\mathrm{G1}(X) = 1 + X + X^7 + X^8 + X^{10} + X^{11} \tag{2.3}$$

同样地,G2 寄存器的生成多项式为:

$$\mathrm{G2}(X) = 1 + X + X^2 + X^3 + X^4 + X^5 + X^8 + X^9 + X^{11} \tag{2.4}$$

为了让不同的卫星产生不同的 C/A 码,这两个移位寄存器的输出采取一种非常特别的组合方式。G1 寄存器直接提供输出序列;G2 寄存器采用不同的抽头,实现对 G2 序列相位的不同偏移，与 G1 序列模二加和后产生不同卫星的测距码。G2 序列相位分配表如表 2.2 所示。

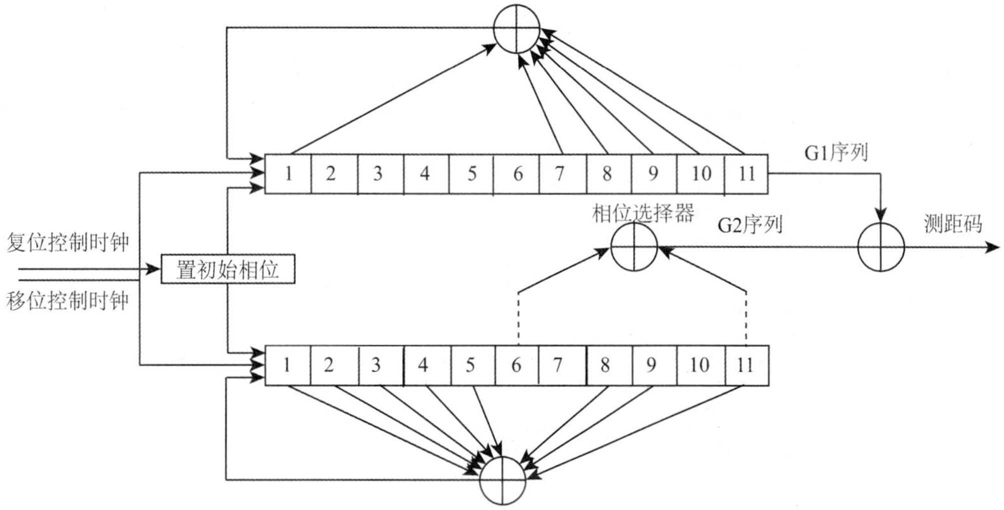

图 2.5　C/A 码发生器示意图

表 2.2　G2 序列相位分配表

编号	卫星类型	测距码编号	G2 序列相位分配
1	GEO	1	1⊕3
2	GEO	2	1⊕4
3	GEO	3	1⊕5
4	GEO	4	1⊕6
5	GEO	5	1⊕8
6	MEO/IGSO	6	1⊕9
7	MEO/IGSO	7	1⊕10
8	MEO/IGSO	8	1⊕11
9	MEO/IGSO	9	2⊕7
10	MEO/IGSO	10	3⊕4
11	MEO/IGSO	11	3⊕5
12	MEO/IGSO	12	3⊕6
13	MEO/IGSO	13	3⊕8
14	MEO/IGSO	14	3⊕9
15	MEO/IGSO	15	3⊕10
16	MEO/IGSO	16	3⊕11
17	MEO/IGSO	17	4⊕5
18	MEO/IGSO	18	4⊕6
19	MEO/IGSO	19	4⊕8

（续表）

编号	卫星类型	测距码编号	G2 序列相位分配
20	MEO/IGSO	20	4⊕9
21	MEO/IGSO	21	4⊕10
22	MEO/IGSO	22	4⊕11
23	MEO/IGSO	23	5⊕6
24	MEO/IGSO	24	5⊕8
25	MEO/IGSO	25	5⊕9
26	MEO/IGSO	26	5⊕10
27	MEO/IGSO	27	5⊕11
28	MEO/IGSO	28	6⊕8
29	MEO/IGSO	29	6⊕9
30	MEO/IGSO	30	6⊕10
31	MEO/IGSO	31	6⊕11
32	MEO/IGSO	32	8⊕9
33	MEO/IGSO	33	8⊕10
34	MEO/IGSO	34	8⊕11
35	MEO/IGSO	35	9⊕10
36	MEO/IGSO	36	9⊕11
37	MEO/IGSO	37	10⊕11
38	MEO/IGSO	38	1⊕2⊕7
39	MEO/IGSO	39	1⊕3⊕4
40	MEO/IGSO	40	1⊕3⊕6
41	MEO/IGSO	41	1⊕3⊕8
42	MEO/IGSO	42	1⊕3⊕10
43	MEO/IGSO	43	1⊕3⊕11
44	MEO/IGSO	44	1⊕4⊕5
45	MEO/IGSO	45	1⊕4⊕9
46	MEO/IGSO	46	1⊕5⊕6
47	MEO/IGSO	47	1⊕5⊕8
48	MEO/IGSO	48	1⊕5⊕10
49	MEO/IGSO	49	1⊕5⊕11
50	MEO/IGSO	50	1⊕6⊕9
51	MEO/IGSO	51	1⊕8⊕9

（续表）

编号	卫星类型	测距码编号	G2 序列相位分配
52	MEO/IGSO	52	1⊕9⊕10
53	MEO/IGSO	53	1⊕9⊕11
54	MEO/IGSO	54	2⊕3⊕7
55	MEO/IGSO	55	2⊕5⊕7
56	MEO/IGSO	56	2⊕7⊕9
57	MEO/IGSO	57	3⊕4⊕5
58	MEO/IGSO	58	3⊕4⊕9
59	GEO	59	3⊕5⊕6
60	GEO	60	3⊕5⊕8
61	GEO	61	3⊕5⊕10
62	GEO	62	3⊕5⊕11
63	GEO	63	3⊕6⊕9

* 卫星将优先使用 1~37 号测距码，以实现对已有接收机的后向兼容。

2.4.2 导航电文

导航电文是卫星以二进制码的形式发送给用户的导航定位数据，又称为广播星历或数据码，主要内容有卫星星历、系统时间、星钟改正参数、轨道摄动改正参数、电离层延迟改正参数、工作状态信息、全部卫星的概略星历等。

B1I 和 B3I 信号的导航电文分为 D1 电文格式和 D2 电文格式。所有 MEO/IGSO 卫星的 B1I 和 B3I 信号播发 D1 导航电文，所有 GEO 卫星的 B1I 和 B3I 信号播发 D2 导航电文。D1 导航电文和 D2 导航电文的速率和结构不同。D1 导航电文速率为 50 bps，并调制有速率为 1 kbps 的二次编码，内容包含基本导航信息（本卫星基本导航信息、全部卫星历书信息、与其他系统时间同步信息）；D2 导航电文速率为 500 bps，内容包含基本导航信息和广域差分信息（北斗系统的差分及完好性信息和格网点电离层信息）。

（1）D1 导航电文

①D1 导航电文帧结构

D1 导航电文由超帧、主帧、子帧组成，每个超帧为 36 000 bit，历时 12 min，每个超帧由 24 个主帧组成（24 个页面）；每个主帧为 1 500 bit，历时 30 s ，每个主帧由 5 个子帧组成；每个子帧为 300 bit，历时 6 s，每个子帧由 10 个字组成；每个字为 30 bit，历时 0.6 s，每个字由导航电文数据及校验码两部分组成。每个子帧第 1 个字的前 15 bit 信息不进行纠错编码，后 11 bit 信息采用 BCH（15，11，1）方式进行纠错，信息位共有 26 bit；其他 9 个字均采用 BCH（15，11，1）加交织方式进行纠错编码，信息位共有 22 bit。

D1 导航电文帧结构如图 2.6 所示。

②D1 导航电文详细结构编排

D1 导航电文包含有基本导航信息，包括：本卫星基本导航信息（包括周内秒计数、整周计

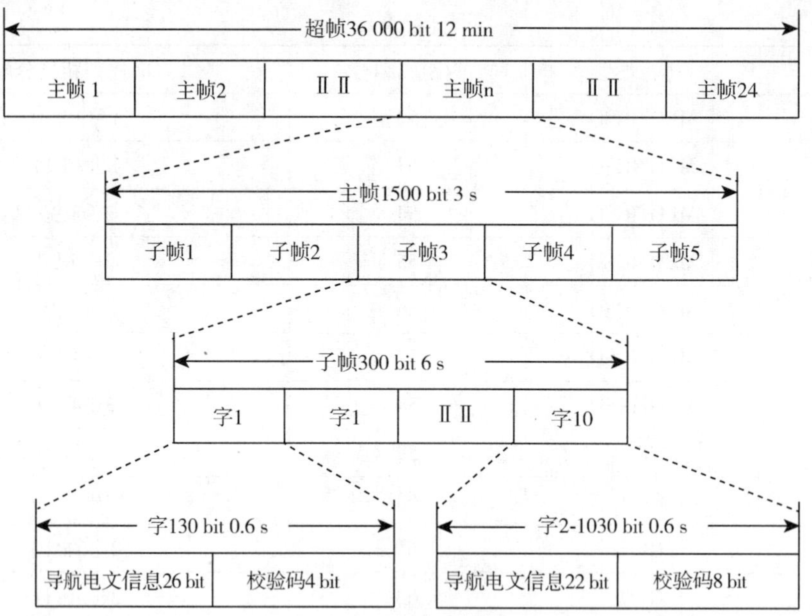

图 2.6　D1 导航电文帧结构

数、用户距离精度指数、卫星自主健康标识、电离层延迟模型改正参数、卫星星历参数及数据龄期、卫星钟差参数及数据龄期、星上设备时延差)、全部卫星历书信息及与其他系统时间同步信息[UTC(Universal Coordinated Time,UTC)、其他卫星导航系统]。D1 导航电文主帧结构及信息内容如图 2.7 所示。子帧 1 至子帧 3 播发基本导航信息;子帧 4 和子帧 5 分为 24 个页面,播发全部卫星历书信息及与其他系统时间同步信息。

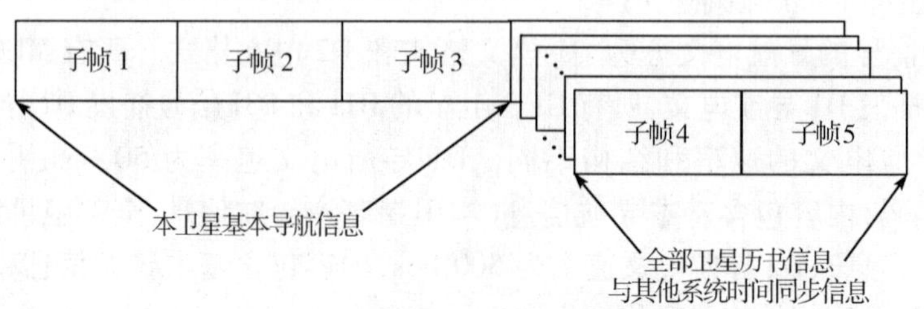

图 2.7　D1 导航电文主帧结构及信息内容

北斗 D1 导航电文子帧结构如表 2.3 所示。

表 2.3　北斗 D1 导航电文子帧结构

子帧序号	子帧内容				
子帧 1	Pre	Rev	FraID	SOW	数据块 Ⅰ
子帧 2	Pre	Rev	FraID	SOW	数据块 Ⅱ
子帧 3	Pre	Rev	FraID	SOW	
子帧 4	Pre	Rev	FraID	SOW	数据块 Ⅲ
子帧 5	Pre	Rev	FraID	SOW	

北斗导航电文的子帧也包含同步码和周内时间信息。每一子帧的第 1~11 bit 为帧同步码(Pre),其值为“11100010010”;第 1 bit 上升沿为秒前沿,用于时标同步。同步码后面跟随 4 bit 的保留信息;然后是 3 bit 的子帧计数,指明该子帧是 5 个子帧中的哪一个子帧;其后是周内秒计数(Second Of Week,SOW)的高 8 位,北斗的 SOW 共有 20 bit,每周日北斗时(BeiDou System Time,BDT) 0 点 0 分 0 秒从零开始计数。周内秒计数所对应的秒时刻是指本子帧同步头的第一个脉冲上升沿所对应的时刻。

数据块Ⅰ为第 1 子帧,主要包含内容列于表 2.4。

表 2.4　D1 导航电文数据块Ⅰ包含内容

参数	意义	参数	意义
t_{oc}	卫星钟差参数	$AODC$	时钟数据龄期
SatH1	卫星自主健康标识	$AODE$	星历数据龄期
α_n,β_n	电离层延迟校正模型参数	T_{GD1},T_{GD2}	星上设备时延差
WN	整周计数	$URAI$	用户距离精度指数

数据块Ⅱ含有卫星星历或者轨道预报参数,占用第 2、3 子帧,提供定位最常用的数据及参数。北斗卫星星历参数的符号和意义列于表 2.5。

表 2.5　D1 导航电文数据块Ⅱ包含的星历参数意义

参数	意义
t_{oc}	星历的基准时间
$\sqrt{A}$	轨道长半轴的平方根
e	轨道偏心率
ω	近地点幅角
Δn	平均角速度偏移
M_0	t_{oc} 时的卫星平近点角
Ω_0	t_{oc} 时的卫星轨道平面升交点赤经
$\dot{\Omega}$	升交点赤经漂移率
i_0	t_{oc} 时的卫星轨道平面倾角
$IDOT$	轨道倾角变化率
C_{uc},C_{us}	升角距角 $u=\omega+v$ 修正量
C_{rc},C_{rs}	地心距修正量
C_{ic},C_{is}	倾角修正量

数据块Ⅲ包含子帧 4、5 的内容,主要包含内容列于表 2.6。

表 2.6　D1 导航电文数据块Ⅲ包含内容

参数	意义	参数	意义
Pnum	页面编号	A_{0GPS},A_{1GPS},A_{0Gal} A_{1Gal},A_{0GLO},A_{1GLO}	与其他系统时间同步参数
AmEpID	历书信息扩展标识	A_{0UTC},A_{1UTC},Δt_{LS} WN_{LSF},DN,Δt_{LSF}	与 UTC 时间同步参数
Hea_i,$i=1\sim43$	卫星健康信息	t_{oa},$\sqrt{A}$,e,ω,M_0,Ω_0 $\dot{\Omega}$,δ_i,a_0,a_1,$AmID$	星历参数
WN	历书周计数		

由于数据块Ⅲ所在的第 4、5 子帧可以通过每颗卫星广播，所以用户只需要接收到一颗卫星的信号就能够粗略地知道其他卫星的情况，利用这些概略信息和自己所在的位置，用户能够选择工作正常和位置适当的最佳星座卫星，并根据已知的卫星编号（码分地址）进行设置，从而实现快速捕获卫星信号和定位。

（2）D2 导航电文

①D2 导航电文帧结构

D2 导航电文由超帧、主帧和子帧组成。每个超帧为 180 000 bit，历时 6 min，每个超帧由 120 个主帧组成；每个主帧为 1 500 bit，历时 3 s，每个主帧由 5 个子帧组成；每个子帧为 300 bit，历时 0.6 s，每个子帧由 10 个字组成；每个字为 30 bit，历时 0.06 s。

每个字由导航电文数据及校验码两部分组成。每个子帧第 1 个字的前 15 bit 信息不进行纠错编码，后 11 bit 信息采用 BCH（15,11,1）方式进行纠错，信息位共有 26 bit；其他 9 个字均采用 BCH（15,11,1）加交织方式进行纠错编码，信息位共有 22 bit。

D2 导航电文帧结构如图 2.8 所示。

②D2 导航电文详细结构编排

D2 导航电文包括本卫星基本导航信息，全部卫星历书信息，与其他系统时间同步信息，北斗系统完好性及差分信息，格网点电离层信息。D_2 导航电文主帧结构及信息内容如图 2.9 所示。子帧 1 播发基本导航信息，由 10 个页面分时发送，子帧 2~4 播发北斗系统完好性及差分信息由 6 个页面分时发送，子帧 5 播发全部卫星历书信息，格网点电离层信息和与其他系统时间同步信息由 120 个页面分时发送。

D_2 导航电文的子帧结构表如表 2.7 所示。

表 2.7　D2 导航电文子帧结构

子帧序号	子帧内容				
子帧 1	Pre	Rev	FraID	SOW	数据块Ⅰ
子帧 2	Pre	Rev	FraID	SOW	数据块Ⅱ
子帧 3	Pre	Rev	FraID	SOW	
子帧 4	Pre	Rev	FraID	SOW	
子帧 5	Pre	Rev	FraID	SOW	数据块Ⅲ

数据块Ⅰ为第 1 子帧，包含本卫星的基本导航信息，主要包含内容列于表 2.8。

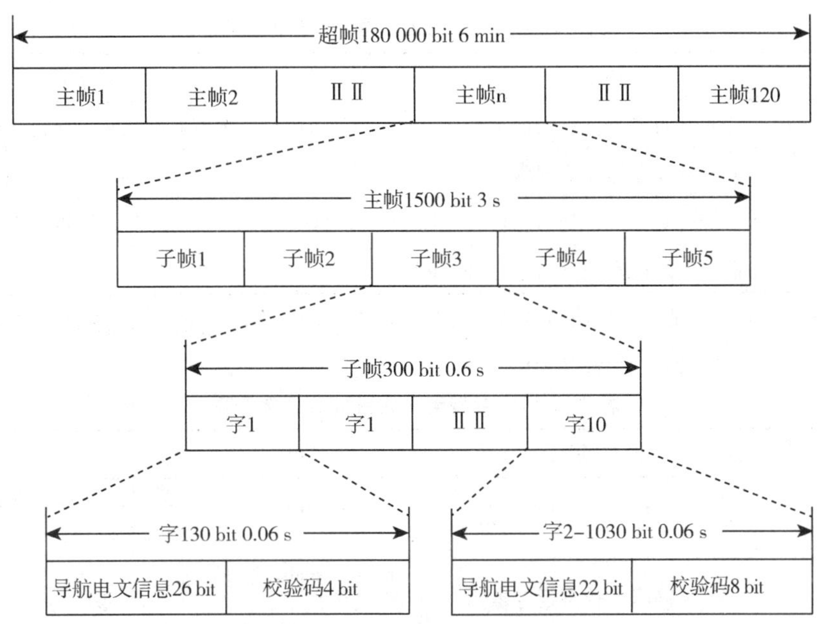

图 2.8　D2 导航电文帧结构

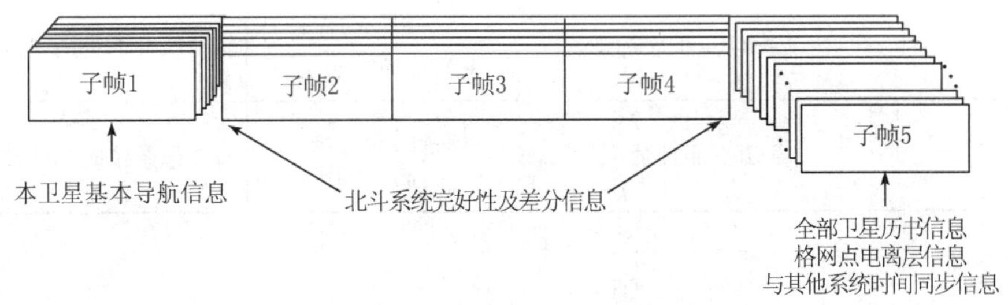

图 2.9　D2 导航电文主帧结构及信息内容

表 2.8　D2 导航电文数据块 Ⅰ 包含内容

参数	意义	参数	意义
WN	整周计数	α_n, β_n	电离层延迟校正模型参数
$URAI$	用户距离精度指数	$AODC$	时钟数据龄期
SatH1	卫星自主健康标识	$AODE$	星历数据龄期
t_{oc}, a_0, a_1, a_2	卫星钟差参数	$t_{oe}, \sqrt{A}, e, \omega, \Delta n, M_0,$ $\Omega_0, \dot{\Omega}, i_0, IDOT, C_{uc},$ $C_{us}, C_{rc}, C_{rs}, C_{ic}, C_{is}$	星历参数
T_{GD1}, T_{GD2}	星上设备时延差		
Pnum1	基本导航信息页面编号		

数据块Ⅱ为第 2、3、4 子帧，主要包含北斗系统完好性及差分信息，见表 2.9。

表 2.9 D2 导航电文数据块Ⅱ包含内容

参数	意义	参数	意义
Pnum2	完好性及差分信息页面编号	*RURAI*	北斗系统区域用户距离精度指数
SatH2	完好性及差分信息健康标识	Δt	等效钟差改正数
BDEpID	北斗系统完好性及差分信息扩展标识	*UDREI*	用户差分距离误差指数
$BDID_i$	北斗系统完好性及差分信息卫星标识		

数据块Ⅲ为第 5 子帧，主要包含全部卫星历书信息、格网点电离层信息和与其他系统时间同步信息。主要包含内容列于表 2.10。

表 2.10 D2 导航电文数据块Ⅲ包含内容

参数	意义	参数	意义
Ion	格网点电离层信息	*GIVEI*	格网点电离层垂直延迟改正数误差指数
$d\tau$	格网点垂直延迟参数	$t_{oa},\sqrt{A},e,\omega,M_0,\Omega_0$ $\dot{\Omega},\delta_i,a_0,a_1,AmID$	星历参数
Pnum	页面编号	$Hea_i,i=1\sim43$	卫星健康信息
AmEpID	历书信息扩展标识	$A_{0UTC},A_{1UTC},\Delta t_{LS}$ $WN_{LSF},DN,\Delta t_{LSF}$	与 UTC 时间同步参数
WN_a	历书周计数	$A_{0GPS},A_{1GPS},A_{0Gal}$ $A_{1Gal},A_{0GLO},A_{1GLO}$	与其他系统时间同步参数

第3章　空间坐标系统

空间坐标系统是描述物质存在的空间位置(坐标)的参照系,是通过定义特定基准及其参数形式来实现的。点的每一种坐标都从属于一个坐标系,而坐标系是为各种目的人为设计的,无论是经典的应用大地测量学,还是现代的空间大地测量学,对坐标系的研究都十分重视。由于各种坐标使用的目的不同、要求的精度不同,所采取的测量手段、计算方法也各异,所以设置的坐标系统和参考系统也就不同。不仅如此,坐标系的建立一般与地球椭球及其有关的几何和物理常数、地球重力场模型、大地水准面、天文常数系统、坐标原点的选取等各种因素紧密相关。因此,上述各种条件的变化与更新都将导致原坐标系相应的变化,派生出新的坐标系;而有些坐标系是随着测量技术的不断发展,通过不断充实和完善,逐步演变而来的。因此,坐标系种类繁多、特点各异。

坐标系虽众多,但这些坐标系的建立,都是通过将测站设在地球上,大量地面观测点和空间的天体(恒星、太阳、月亮和人造卫星等)而获得的,因此可以以地球在空间围绕地球旋转轴自转、围绕太阳公转,以及月亮和各种人造卫星围绕地球沿轨道转动的三种周期运动为基础,将各种坐标系分为:天球坐标系(基本上不顾及地球的公转,但以和地球一起自转为主)、地球坐标系(固定在地球上并和地球一起自转和公转)、轨道坐标系(不考虑地球的自转因素,但和地球一起公转)。此外,坐标的表现形式,除了曲线坐标系、球面极坐标系外,还有笛卡儿直角坐标系。

由于空间信息技术的量测任务,必须建立一个地面参照系,而在确定地面参照系的模式和探讨地球自转轴在惯性空间的方向时,需要应用岁差和章动知识。因此,本章首先将讨论由于地球自转与公转受到摄动影响而使赤道和黄道坐标的基本面发生长期的或周期性的移动,以及由此而导致恒星坐标的缓慢变化,即地球自转轴在惯性空间的运动——岁差和章动。此外,本章还要讨论的问题是地球自转轴相对于地球本体的运动——极移。在此基础上,本章还将重点讨论目前常用的几种坐标系及它们间的相互转换关系。

3.1　岁差

公元前273年,古希腊天文学家提摩卡里斯测得室女座α星的黄经值为172°。公元前129年,古希腊天文学家喜帕恰斯测得该星的黄经值是174°,由此他断定,此星在144年内相对于春分点移动了2°,而且移动的方向是逆行的。这颗星在1950年测得的黄经值是203°08′,即在2222年内移动了31°,每年平均50.2″。喜帕恰斯称黄经增加的这一现象为岁差,解释为恒星天球围绕对于恒星是固定的黄极有一种顺向转动。4世纪,中国晋代天文学家虞喜在分析古星图和星空时,也发现星星的位置略有偏移,进而发现了岁差,并定出冬至点每50年后退1°。《宋史·律历志》记载:“虞喜云:‘尧时冬至日短星昴,今二千七百余年,乃东壁中,则知每岁渐差之所至。’”岁差这个名词也由此而来。我们现在所采用的解说是后来哥白尼提出的:地轴的方向在空间不固定,但它与黄道所成的交角不变,它运动的轨迹是一圆锥,因而北天极在恒星天球上所行经的路线是一个黄纬为(90° - ε) 的小圆。春分点以每年 50.26″ 的速度在黄道上西移,约 26 000 年移动一周,这也就是北天极绕黄极运行的周期。

3.1.1 赤道岁差

太阳、月亮对地球的引力作用,使地球自转轴在空间绕北黄极顺行旋转,平均北天极也以同样方向绕北黄极旋转。这种现象叫作赤道岁差。

(1) 赤道岁差的几何解释

牛顿为了说明赤道岁差的机制而做了几何学上的解释。如图 3.1 所示,他假设地球是一个均匀的扁球体,O 是地球中心,PP' 是地轴,KK' 是黄道轴,qq' 是地球赤道,A_1 和 A_2 是地球赤道隆起部分的重心,M 是月球。这里仅分析月球对地球的引力情况,将月球对地球的引力分为三部分,$\overrightarrow{OR}$ 为月球 M 对地球球形部分的引力;$\overrightarrow{A_1B_1}$ 与 $\overrightarrow{A_2B_2}$ 分别表示月球 M 对地球赤道隆起部分的引力。由于地球直径与月地距离相比是很小的,这里认为 $\overrightarrow{A_1B_1}$ 与 $\overrightarrow{A_2B_2}$ 是相等的。现在来求上述三个力的合力,首先将 $\overrightarrow{A_1B_1}$ 和 $\overrightarrow{A_2B_2}$ 分别分解为两个分力,其中一个分力平行于 $\overrightarrow{AC}$ 方向,即 $\overrightarrow{A_1C_1}$ 和 $\overrightarrow{A_2C_2}$;另一个分力则垂直于 $\overrightarrow{OR}$ 方向,为 $\overrightarrow{A_1G_1}$ 和 $\overrightarrow{A_2G_2}$。这样,月球对地球的引力可用平行力 $\overrightarrow{OR}$、$\overrightarrow{A_1C_1}$ 和 $\overrightarrow{A_2C_2}$ 以及附加力偶 $\overrightarrow{A_1G_1}$ 与 $\overrightarrow{A_2G_2}$ 来表示。前三个力使月球吸引地球,而力偶 $\overrightarrow{A_1G_1}$ 和 $\overrightarrow{A_2G_2}$ 就促使地球赤道平面 qq' 绕 O 旋转。在这种情况下,地球绕其地轴的周日转动力矩为 $\overrightarrow{OP_1}$,而 $\overrightarrow{OF}$ 则为由 $\overrightarrow{A_1G_1}$ 和 $\overrightarrow{A_2G_2}$ 所引起的转动力矩。根据右手法则,向量 $\overrightarrow{OF}$ 垂直于 KOP 平面(纸面),它的方向从纸面向外。作一平行四边形 OPP_1F,则其对角线 $\overrightarrow{OP_1}$ 即为上述两种转动力矩的合成。它代表月球对地球赤道隆起部分的引力影响,在此影响下,地轴在 KOP 的垂直平面内由 $\overrightarrow{OP}$ 移至 $\overrightarrow{OP_1}$。

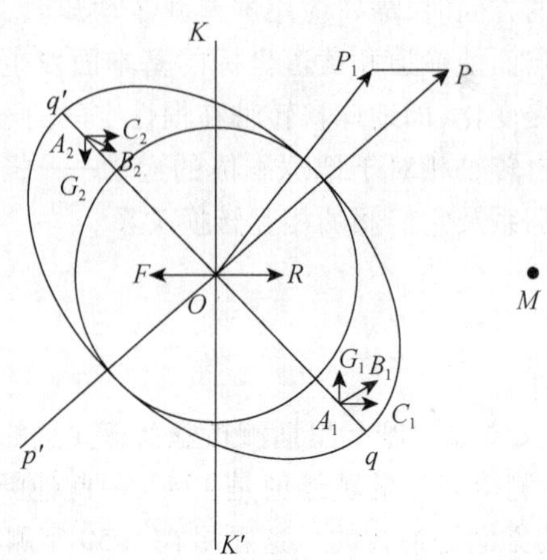

图 3.1　岁差几何机制

上述月球对地球的引力情况,也可用于太阳。由于摄动力与摄动体的质量成正比,而与摄动体的距离立方成反比,所以由月球而来的摄动力偶是由太阳而来的摄动力偶的 2.2 倍。由月球引起的岁差每年为 34.6″,而月球与太阳的联合作用使春分点产生的总位移是每年 50.37″,这就叫作赤道岁差。

因为太阳和月球对地球的摄动力是连续的,所以地轴在空间的位置也在不断地变动。以上所说地轴$\overrightarrow{OP}$和$\overrightarrow{OP_1}$,都只代表地轴在某一瞬间的位置。由大量长期的观测资料得知,瞬时地轴环绕着黄道轴旋转成一圆锥面,瞬时地轴的移动方向总是垂直于瞬时地轴与OK组成的平面,如图3.2所示。与瞬时地轴相应的瞬时平北极,其意义见图3.6,在天球上描绘出一个以黄极K为中心、以23°27′为半径的小圆,瞬时平北极在此小圆上每年向西移动50.37″。

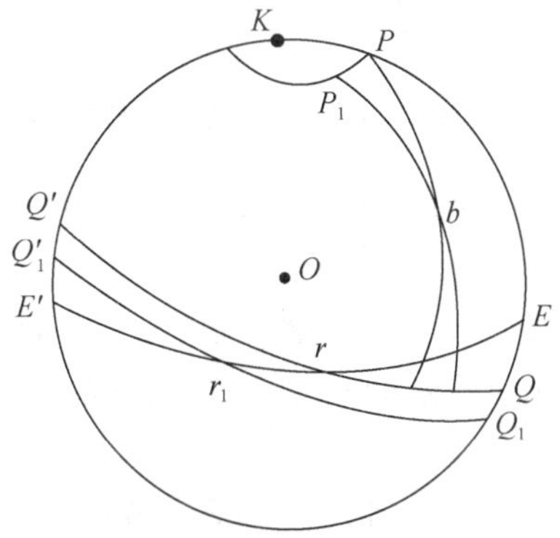

图3.2　赤道岁差

赤道面始终是垂直于地轴的,当地轴由OP移至OP_1时,赤道面也由QQ'移动至$Q_1Q'_1$,春分点的位置也由γ移动至γ_1,其移动量与平北极的移动量是相应的,移动方向是西移,与太阳周年视运动方向相反。

(2) 黄经赤道岁差

在图3.3中,K、P_0是某一瞬间t_0的黄极和平北极(也称平极);$E_0E'_0$和$Q_0Q'_0$为t_0瞬间的黄道和平赤道;γ_0是该瞬间的平春分点。因赤道岁差的影响,赤道面从$Q_0Q'_0$变动至$Q_1Q'_1$,平春分点γ_0移动到γ_1。

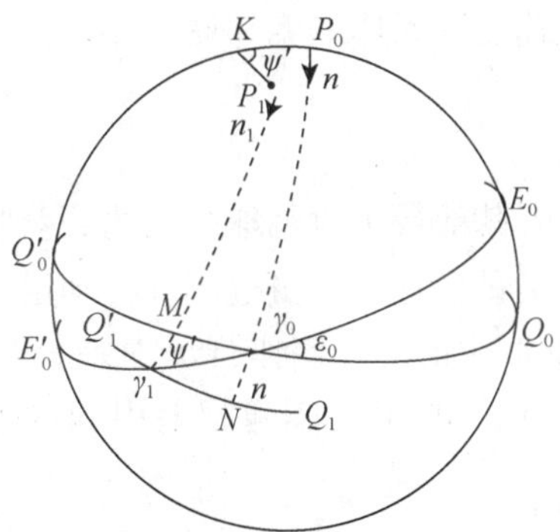

图3.3　黄经赤道岁差

在任一瞬间,平极总是沿着该瞬间黄极和平极的大圆相正交的大圆运动,如图3.3中的P_0n和P_1n_1等。其方向总是指向该瞬间的平春分点,在t_0瞬间,P_0的运动方向指向春分点γ_0;在t_1瞬间,P_1的运动方向指向春分点γ_1。平极运动的线速度为:

$$n = 20.043\ 109'' - 0.008\ 533\ 0''T - 0.000\ 002\ 17''T^2 \tag{3.1}$$

式中:T是自J2000.0起算的儒略世纪数,J2000.0对应的儒略日数为245 154 5.0;

n以及本章中各速度的单位都是"″/年"。

设某一瞬间的儒略日数为TDBJ.D.,则对应该瞬间的T为:

$$T = \frac{TDBJ.D. - 2\ 451\ 545.0}{36\ 525} \tag{3.2}$$

平极绕黄极运动的角速度为：

$$\begin{aligned}\psi' = &(5038.778\ 44'' + 0.492\ 63''T_0 - 0.000\ 124''T_0^2)T \\ &+ (1.072\ 59'' - 0.001\ 166''T_0)T^2 - 0.001\ 147''T^3\end{aligned} \tag{3.3}$$

式(3.1) 和式(3.3) 即为赤道岁差的表达式。式(3.3) 中的 T_0 是自 J2000.0 至起算历元 t_0 的儒略世纪数，而 T 是自观测历元 t 到起算历元 t_0 的儒略世纪数，即 $T = \frac{t - t_0}{100}$。一般起算历元为基本历元，目前采用 FK_5 参考系时，t_0 = J2000.0，则 $T_0 = 0$，T 用式(3.2) 表示。

不难理解，ψ' 也是平春分点在黄道上的运动速度。由于春分点的运动，所有天体的黄经都以同样的速度增加，每年增加约 50.37″。因此，又称 ψ' 为黄经赤道岁差。此外，天体的赤道坐标 α 和 δ 也不断发生变化。由于黄道面不变，所以天体的黄纬不变。

（3）赤经和赤纬的赤道岁差

平春分点在黄道上可分解为两个分量，由图 3.3 可知，一个分量是 ψ' 在赤道 $Q_0Q'_0$ 上的投影 γ_0M，另一个分量是 ψ' 在 $P_0\gamma_0$ 大圆弧上的投影 γ_0N。因 ψ' 很小，故 $\gamma_0M = \psi'\cos\varepsilon_0$，$\gamma_0N = \psi'\sin\varepsilon_0$。由于它们使天体的赤经、赤纬发生变化，故分别称它们为赤经赤道岁差和赤纬赤道岁差。

根据线速度和角速度的关系可写出下式

$$n = \psi'\sin\varepsilon_0$$

n 即为赤纬赤道岁差。已知平极以速度 n 向平春分点方向移动，则赤道必然相应地绕某轴旋转，此轴是赤道上赤经为 6 时和 18 时两点的连线，且旋转速度为 n。因此，$\alpha = 0$ 时的天体，其赤纬以 n 速度增大；$\alpha = 12$ 时的天体，赤纬以 n 速度减小；对于 $\alpha = 6$ 时和 18 时的天体，它们的赤纬不变。可见，平极运动的线速度与天体的赤纬密切相关。

3.1.2 行星岁差

除日月对地球的引力外，还有其他行星对地球的引力，尽管这种引力很小，不足以改变地轴在空间的方向，但它能使地球绕日公转不严格遵守开普勒定律，而使黄道面移动。这种由于行星引力的摄动作用而使黄道面产生的变化叫作行星岁差。在行星岁差的影响下，黄赤交角缓慢地变小，每百年变小约 47″，这一数值与赤道岁差引起的地轴每年转动 50.37″ 相比是很小的。

（1）行星岁差的两个量

在图 3.4 中，K_0、$E_0E'_0$ 为 t_0 时的北黄极和黄道，K、EE' 为 t 时的北黄极和黄道。由于行星岁差的影响，黄道面的运动可用北黄极的运动方向和速度来表示。在任一瞬间，北黄极向着与连接该瞬间的北黄极和平北极的大圆 K_0P_0 成 N 角的方向运动。其运动速度为：

$$\begin{aligned}\pi = &(47.0029'' - 0.066\ 03''T_0 + 0.000\ 598''T_0^2)T \\ &+ (0.0330\ 2'' + 0.000\ 598''T_0)T^2 + 0.000\ 060T^3\end{aligned} \tag{3.4}$$

N 角为：

$$N = 5°07'25.018'' - 3289.4789''T_0 - 0.606\ 22''T_0^2$$

$$= (869.8089'' + 0.504\ 91''T_0)T - 0.035\ 36''T^2 \tag{3.5}$$

式中：T_0 和 T 的意义同 3.1.1 所述。

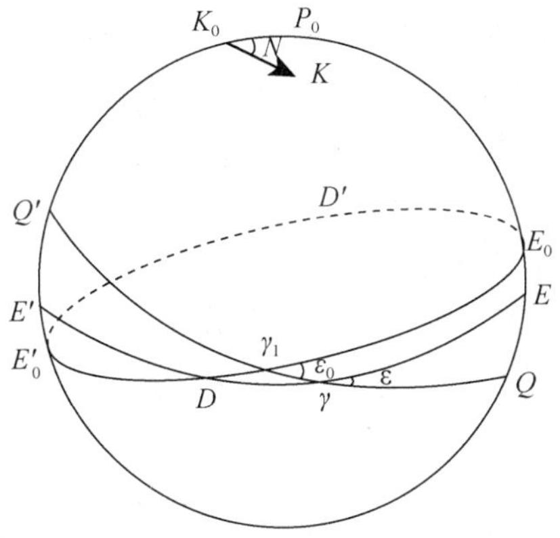

图 3.4　行星岁差

(2) 赤经行星岁差和黄经行星岁差

由于黄道的运动，平春分点 γ_1 沿平赤道移动至 γ，方向与赤经的增加方向相同，运动速度为：

$$\begin{aligned}\lambda' = &(10.5526'' - 1.886\ 23''T_0 + 0.000\ 096''T_0^2)T \\ &+ (-2.380\ 64'' - 0.000\ 833''T_0)T^2 - 0.001\ 125''T^2\end{aligned} \tag{3.6}$$

这就是行星岁差的表达式。

由上述可知，行星岁差使天体的赤经以速度 λ' 减小，故称 λ' 为赤经行星岁差。它对天体的赤纬不产生影响。行星岁差也使黄赤交角发生变化。因此，严格而言，不同瞬间的黄赤交角是不同的，这里给出任一瞬间黄赤交角的表达式：

$$\varepsilon = 23°26'21.448'' - 46.815''T - 0.000\ 59''T^2 + 0.001\ 813''T^3 \tag{3.7}$$

在赤道岁差和行星岁差的综合作用下，春分点的运动如图 3.5 所示。$E_0E'_0$、$Q_0Q'_0$、γ_0 分别表示 t_0 时的黄道、平赤道和平春分点。t 时刻的位置为 EE'，γ_1 为 $E_0E'_0$ 和 QQ' 的交点，即赤道岁差的影响使春分点由 γ_1 移至 γ。

由前述可知，$\gamma_0\gamma_1 = \psi'$，$\gamma_1\gamma = \lambda'$，过 γ 作 γL 垂直于 $E_0E'_0$，则 γ_1L 即为赤经行星岁差 λ' 在黄道上的投影，故称其为黄经行星岁差。

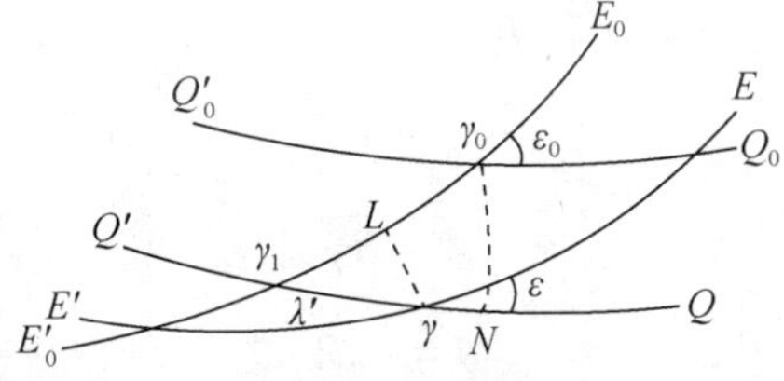

图 3.5　平春分点运动

由于行星岁差的影响，春分点每年在黄道上顺向移动约 0.11″。

3.1.3　总岁差

图 3.5 中，在赤道岁差和行星岁差的综合影响下，平春分点 γ_0 在黄道上的运动速度为

$\gamma_1 L = l$,且 $l = \psi' - \lambda' \cdot \cos\varepsilon_0$,称 l 为黄经总岁差,其值为:

$$\begin{aligned} l = &(5029.0966'' + 2.222\ 26T_0 - 0.000\ 042T_0^2)T \\ &+ (1.111\ 61'' - 0.000\ 127T_0)T^2 - 0.000\ 113T^3 \end{aligned} \tag{3.8}$$

过 γ_0 作 $\gamma_0 N$ 垂直于 QQ',则 $\gamma_1 N$ 即为赤经赤道岁差,且 $\gamma_1 N = \psi' \cos\varepsilon_0$。不难看出,在赤道岁差和行星岁差的综合影响下,平春分点 γ_0 在赤道上的运动速度为:

$$m = \psi' \cos\varepsilon_0 - \lambda'$$

m 称为赤经总岁差,其值可用下式表示

$$m = 3.074\ 957\ 5'' + 0.001\ 862\ 08''T - 0.000\ 000\ 185''T^2 \tag{3.9}$$

由式(3.8)可以看出,在岁差的影响下,从天球外朝北黄极看,平春分点每年在黄道上向西移动约 50.26″,即北天极在以北黄极为圆心、ε 为半径的小圆上做顺时针方向移动,大约 26 000 年 环绕一周。

回归年的定义为:太阳在黄道上做逆向的周年视运动,连续两次经过春分点所经历的时间,约 365.242 2 日。而太阳连续两次经过黄道上固定点所需时间为一个恒星年,约 365.256 4 日。这两种年之差即为春分点运动的结果,岁差之名即由此而来。

岁差运动除了用上述讨论的黄经总岁差 l、行星岁差 λ'、赤道岁差 ψ'、赤经岁差 m 和赤纬岁差 n 等岁差常数来表示外,还可用赤道坐标系由某一历元转换成另一历元时所绕轴旋转的 3 个岁差参数 ζ_0、Z、θ 来表示,它们的表达式为:

$$\left.\begin{aligned} \zeta_0 = &(2306.2181'' + 1.396\ 56''T_0 - 0.000\ 139T_0^2)T \\ &+ (0.301\ 88'' - 0.000\ 344T_0)T^2 + 0.017\ 998T^3 \\ Z = &(2306.2181'' + 1.396\ 56''T_0 - 0.000\ 139T_0^2)T \\ &+ (1.094\ 68'' + 0.000\ 066T_0)T^2 + 0.018\ 230T^3 \\ \theta = &(2004.3109'' - 0.853\ 30''T_0 - 0.000\ 217T_0^2)T \\ &- (0.426\ 65'' + 0.000\ 217''T_0)T^2 - 0.041\ 833''T^3 \end{aligned}\right\} \tag{3.10}$$

T_0 和 T 的意义同式(3.3)。

ζ_0、Z、θ 三个岁差参数的几何意义如图 3.6 所示,为清晰起见,在图中未绘出 Y_0 和 Y 轴。设 K_0、P_0、$Q_0Q'_0$、γ_0 为历元 t_0 时的黄极、平北极、平赤道和平春分点;K、P、QQ'、γ 为历元 t 时的黄极、平北极、平赤道和平春分点。M 为瞬时赤道 QQ' 对赤道 $Q_0Q'_0$ 的升交点。过 P_0 和 P 作一大圆弧与赤道 $Q_0Q'_0$ 和 QQ' 分别交于 A 和 B 点,则

$$\zeta_0 = \overset{\frown}{A\gamma_0}$$

$$Z = \overset{\frown}{B\gamma}$$

$$\theta = \overset{\frown}{P_0P}$$

当要将历元为 t_0 时的坐标系 $O-\gamma_0Y_0P_0$ 经岁差改正转换成坐标系 $O-\gamma YP$ 时,先在 $O-\gamma_0Y_0P_0$ 坐标系中,将 $O\gamma_0$(X_0 轴)绕 OP_0(Z_0 轴)顺时针旋转 $\zeta_0(\overset{\frown}{A\gamma_0})$,此时 $O\gamma_0$ 与 OA 重合;然后,将 OP_0 轴绕 OM 轴顺时针旋转 θ 角,即 OA 与 OB 重合;最后,将 OB(X 轴)绕 OP(Z 轴)顺时针旋转 $\overset{\frown}{B\gamma} = Z$,即 $O\gamma_0$ 与 $O\gamma$ 重合。至此,完成由 t_0 时的坐标系经岁差改正后所得 t 时的坐标系。故称 ζ_0、Z、θ 为岁差三个旋转参量。

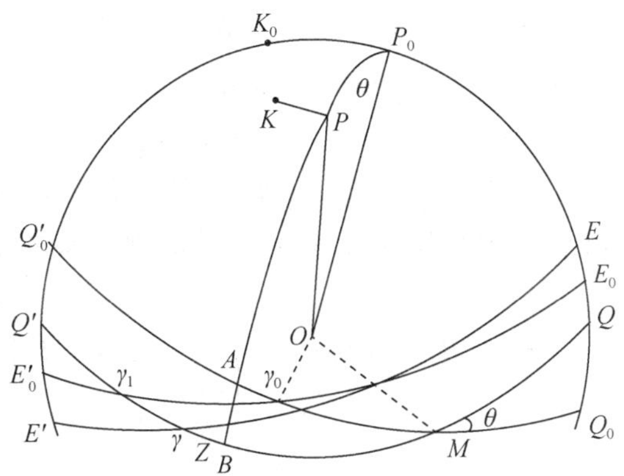

图3.6　岁差参数几何意义

3.1.4　岁差对天体赤道坐标的影响

由于岁差的存在，赤道坐标系的基圈和主点随时间而发生变化，故对于某一天体的赤道坐标而言，在不同瞬间就有不同的数值。在由历元t_0时天体的赤道坐标换算成历元t的天体赤道坐标时，就要顾及在$\Delta t = t - t_0$时期内岁差对天体赤道坐标的影响。

图3.7中各符号意义同图3.6。设b为天空中任一天体，过天体b作历元t_0和t时刻的时圈，则构成一球面三角形PP_0b。过春分点γ_0和γ分别作历元t_0和t时刻的时圈，即图3.7中的$\widehat{P_0\gamma_0}$和$\widehat{P\gamma}$，则从图中不难看出，在球面三角形PP_0b中有

$$\angle PP_0b = \alpha_0 + \zeta_0$$

$$\angle P_0Pb = 180° - (\alpha - Z)$$

$$\widehat{P_0b} = 90° - \delta_0$$

$$\widehat{Pb} = 90° - \delta$$

$$\widehat{PP_0} = \theta$$

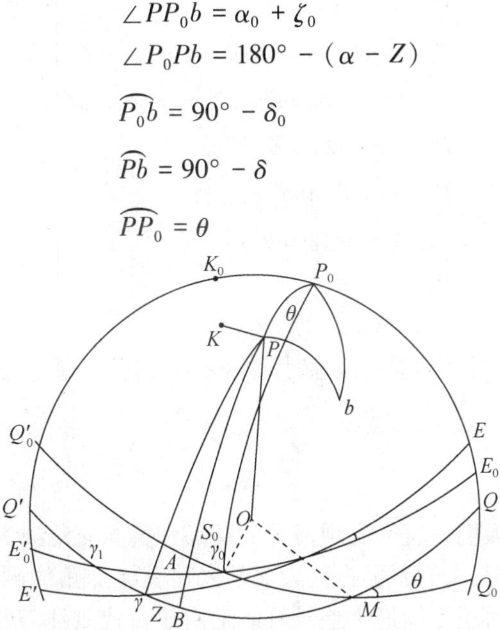

图3.7　岁差对天体赤道坐标影响

由球面三角公式可写出

$$\left.\begin{aligned}&\cos\delta\sin(\alpha - Z) = \cos\delta_0\sin(\alpha_0 + \delta_0)\\&\cos\delta\cos(\alpha - Z) = \cos\theta\cos\delta_0\cos(\alpha_0 + \zeta_0) - \sin\theta\sin\delta_0\\&\sin\delta = \sin\theta\cos\delta_0\cos(\alpha_0 + \zeta_0) + \cos\theta\sin\zeta_0\end{aligned}\right\} \tag{3.11}$$

这一组公式即为恒星在历元 t_0 的坐标(α_0,δ_0) 转换成历元 t 的坐标(α,δ) 的公式。

上述转换公式亦可通过岁差旋转参量 ζ_0、Z、θ,用旋转矩阵来完成,即

$$\begin{bmatrix}x\\y\\z\end{bmatrix}_{(\alpha,\delta)} = R_Z(-Z)R_y(\theta)R_Z(-\zeta_0)\begin{bmatrix}x\\y\\z\end{bmatrix}_{(\alpha_0,\delta_0)} = [\boldsymbol{P}]\begin{bmatrix}z\\y\\z\end{bmatrix}_{(\alpha_0,\delta_0)} \tag{3.12}$$

式中:

$$\boldsymbol{P} = R_Z(-Z)R_y(\theta)R_Z(-\zeta_0) \tag{3.13}$$

$\boldsymbol{P}$ 称为岁差矩阵。$\boldsymbol{P}$ 可表示为:

$$\boldsymbol{P} = \begin{bmatrix}P_{11} & P_{12} & P_{13}\\P_{21} & P_{22} & P_{23}\\P_{31} & P_{32} & P_{33}\end{bmatrix} \tag{3.14}$$

式中:

$$\left.\begin{aligned}P_{11} &= \cos\zeta_0\cos\theta\cos Z - \sin\zeta_0\sin Z\\P_{12} &= -\sin\zeta_0\cos\theta\cos Z - \cos\zeta_0\sin Z\\P_{13} &= -\sin\theta\cos Z\\P_{21} &= \cos\zeta_0\cos\theta\sin Z + \cos\zeta_0\cos Z\\P_{22} &= -\sin\zeta_0\cos\theta\sin Z + \cos\zeta_0\cos Z\\P_{23} &= -\sin\theta\sin Z\\P_{31} &= \cos\zeta_0\sin\theta\\P_{32} &= -\sin\zeta_0\sin\theta\\P_{33} &= \cos\theta\end{aligned}\right\} \tag{3.15}$$

ζ_0、θ 和 Z 三个旋转参量可由式(3.10) 计算。

目前,使用向量/矩阵法计算恒星视位量时,均采用岁差矩阵,通过坐标旋转来进行岁差改正。

3.2 章动

在很长一段时期内,人们一直未发现恒星的黄纬和黄赤交角的变化,从而断定黄道平面是固定不变的。直到 17 世纪,人们根据古代天文学家对黄赤交角的测量结果,发现它的数值也存在着缓慢的减少,但当时还怀疑这个差异可能是由于古代观测不精确所致。直到欧拉发现了行星对地球公转摄动理论,才证明黄道平面是移动的。现代观测结果确定:黄赤交角约每百年减少 46″。

18 世纪中叶,英国天文学家布拉德雷发现:天球赤道面也有周期性的移动,围绕其平均位置的变动虽小,但却不可忽视。这就是加在岁差上的章动现象。

自 1725 年始，布拉德雷对天龙座 γ 星做了长期观测，目的是寻找它的岁差。但他却发现在 1727 年至 1736 年这颗星经过了岁差改正后的平均赤纬增加了 18′，而在 1736 年至 1745 年又减少了相同的数量。他将天北极这一周期性的变化叫作章动，他认为这是与月球轨道的交点逆行的周期是相同的。布拉德雷还观测了另外几颗恒星，也得到同样的结果。接着，法国数学家、天文学家达朗贝尔利用万有引力说明了岁差与章动两种现象的从属关系，对地球的自转由于日、月引力摄动而产生的效应，做出了完善的理论。

由此可知，赤道坐标与黄道坐标的基本面是移动的，因此，恒星在此两坐标系中的坐标存在着缓慢的移动。

3.2.1　基本概念

地球自转轴在岁差运动的同时，还存在多种周期性的运动，如图 3.8 所示的运动称为章动。其中主周期项为 18.6 年。在这期间，真天极 P 围绕平天极 P_0 描绘出一个小椭圆，如图 3.9 所示，称为章动椭圆，其长半径称为章动常数，用 N 表示。1976 年，国际天文学会联合会大会决定，从 1984 年起启用对于标准历元 J2000.0 年的章动常数，新值为 N = 9.2109″。图 3.10 表示放大了的章动椭圆，其轨迹已消去岁差部分，完成这一椭圆的主周期为 18.6 年，而完成图 3.10 中小圈的周期为 6 个月。图 3.11 为章动椭圆的局部放大图，图中的小圈为 14 天周期。按照国际天文学联合会 1980 年的决议，章动周期包括 106 个球谐分量，其周期从 4.7 天至 18.6 年，振幅从0.0001″ 至 9.2″。

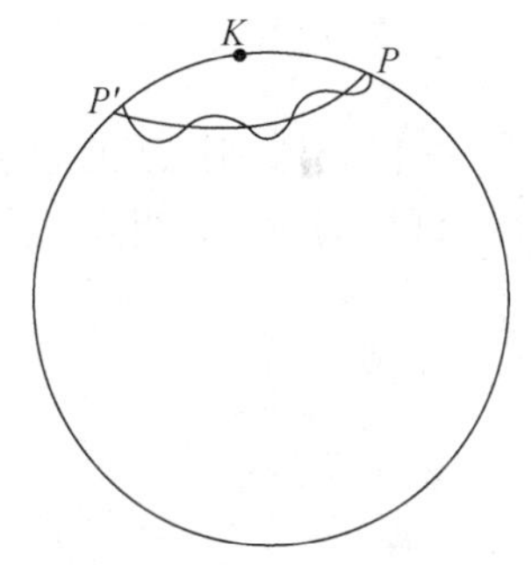

图 3.8　章动

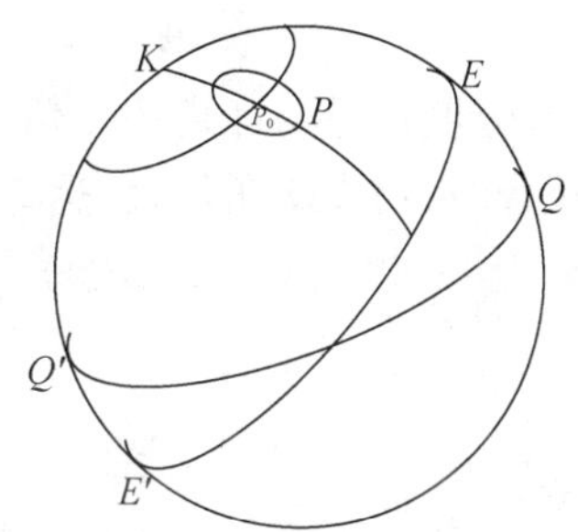

图 3.9　章动椭圆

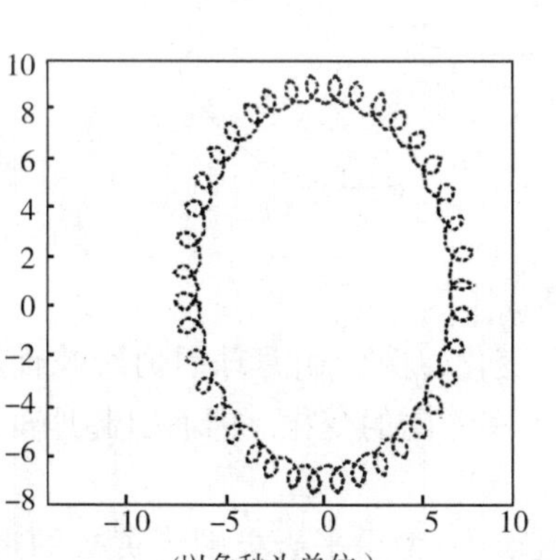

图 3.10　放大了的章动椭圆

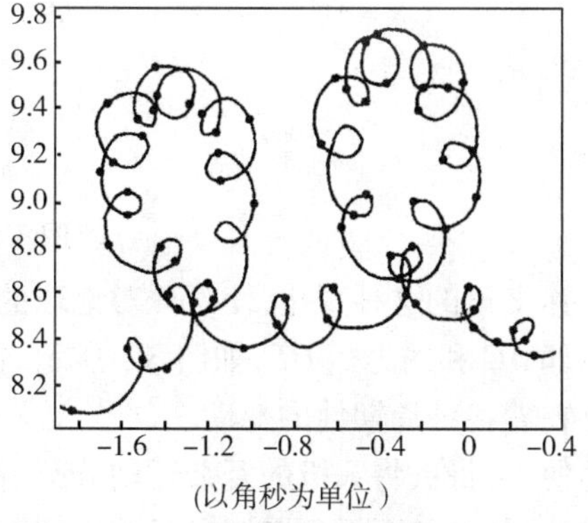

图 3.11　章动椭圆局部放大图

月球绕地球运行的轨道面称为白道,产生章动的主要原因是白道位置的变化。这是因为月球在惯性空间不仅受地球的引力,而且还受到太阳和其他行星引力的影响,其中太阳对月球的引力最大。因此,当月球绕地球运行时,受到诸多摄动力的影响,致使月球轨道面和白赤交角发生变化。

在图 3.12 中,*MM*′ 为白道,*EE*′ 为黄道,白道与黄道的交角为 5°9′,此两平面的交线叫作交点线 ☊☋,白道与黄道的两个交点分别叫作升交点和降交点。当月球在白道上做逆向运行时,由黄道以南进入黄道以北所经过黄道上的点叫升交点 ☊,另一点称降交点☋。由于月球受摄动力的影响,而使白道面发生与赤道面相似的沿黄道向西的转动。故交点线就在黄道上沿着黄道做顺向缓慢的周期运动。交点每年在黄道上西移约 19°20.5′,约 18.6 年沿黄道运转一周,这和章动的主周期项是一致的。

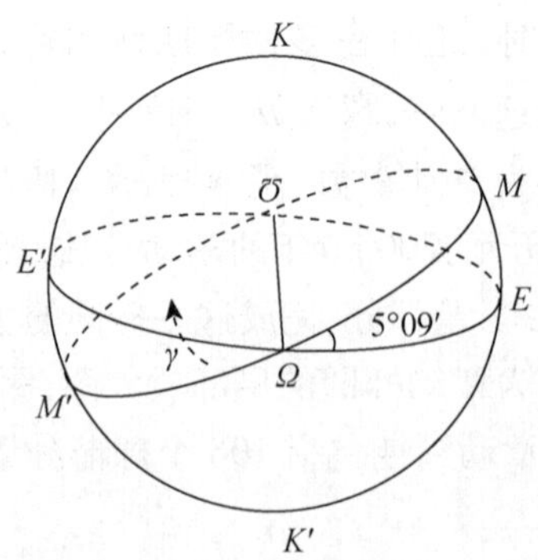

图 3.12　升降交点示意图

由于交点线的转动,白道与赤道的交角产生显著变化,但白道和黄道的交角保持不变。当升交点和春分点重合时,白赤交角最大,达 28°36′,如图 3.13(a) 所示;当降交点和春分点重合时,白赤交角最小,为 18°18′,如图 3.13(b) 所示。

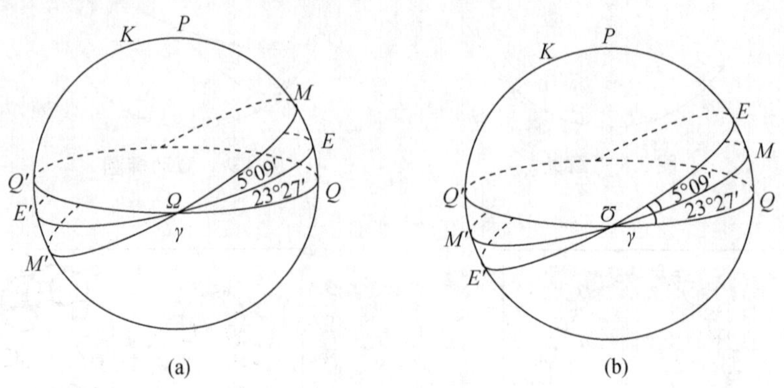

图 3.13　白赤交角

白赤交角的这种变化,使月球对地球的引力随时在变化,那么,由月球引力影响而产生的一对力偶 *AG* 和的力矩 *OF*,如图 3.1 所示,也随之有大小和方向的变化。因而引起地轴在惯性空间存在着各种周期性的变动。

为便于讨论,将天极的复杂运动分解为两种规则运动:一种是平天极围绕黄极的运动,称为岁差;一种则是真天极围绕平极的周期运动,称为章动。

3.2.2　黄经章动和交角章动

章动是由许多不同周期的运动合成的，其中主章动项的周期为18.6年，振幅为9.2109″。

在图3.14中，K、P_0、P分别为某一瞬间的北黄极、平天极和真极，γ_0和γ分别为平春分点和真春分点。图中还标有与之相应的平赤道和真赤道，以及平黄赤交角ε_0和真黄赤交角ε。伴随着真极绕平极的周期运动，真春分点相对于平春分点，真赤道相对于平赤道都做相应的周期运动，黄赤交角也有周期性的变动。由于真极绕平极的运动而引起春分点在黄道上的位移$\widehat{\gamma_0\gamma}$称为黄经章动，用符号$\Delta\psi$来表示，$\Delta\psi = \Delta P_0KP$。由章动所引起黄赤交角的变化叫作交角章动，用符号$\Delta\varepsilon$表示，$\Delta\varepsilon = \varepsilon - \varepsilon_0$。

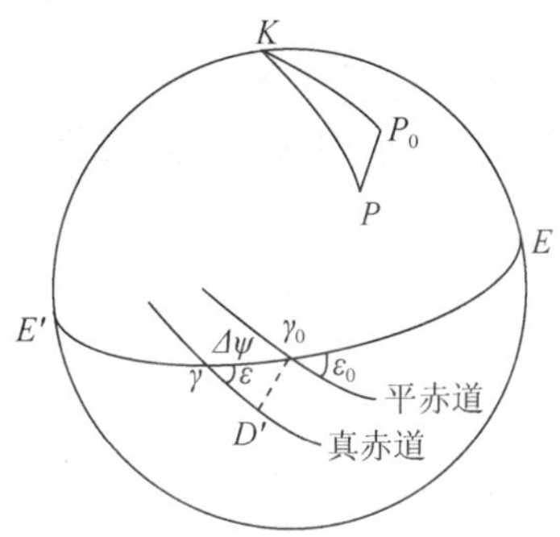

图3.14　黄经章动和交角章动

1979年，沃尔和木下宙对实际地球的章动重新进行了计算，考虑了地球固体潮产生的力对地球的各种影响——形变、章动和自转速率的变化，以及地球三个主要层中每一层的物质自然效应和椭球分层效应，并于1980年得出结果，故称为1980IAU章动理论。其对$\Delta\psi$和$\Delta\varepsilon$计算的展开式共包括106项。自1984年起，章动计算均采用此章动理论。使用上，把计算$\Delta\psi$、$\Delta\varepsilon$的公式分为长周期项和短周期项。凡周期短于35日为短周期项。$\Delta\psi$、$\Delta\varepsilon$的表达式为：

$$\left.\begin{aligned}\Delta\psi &= \sum_{i=1}^{106}(a_i + a_i^{'}T)sin(m_{1_i}l + m_{2_i}l' + m_{3_i}F + m_{4_i}D + m_{5_i}\Omega)\\ \Delta\varepsilon &= \sum_{i=1}^{106}(b_i + b'_iT)cos(m_{1_i}l + m_{2_i}l' + m_{3_i}F + m_{4_i}D + m_{5_i}\Omega)\end{aligned}\right\} \tag{3.16}$$

式中：a_i和b_i分别为黄经章动与交角章动的系数。

$a_i^{'}$和$b_i^{'}$分别为a_i和b_i的时间变率。

$m_{ji}(j=1\sim5)$分别为基本引数l、l'、F、D和Ω的系数，由章动表给出。l为月亮平近点角。l'为太阳平近点角。F为月亮平升交角距。D为日月平角距。Ω为月亮轨道对黄道平均升交点的黄经。

基本引数的表达式为：

$$\left.\begin{aligned}l &= 485\,866.733'' + (1325^r + 715\,922.633'')T + 31.310''T^2 + 0.064''T^3\\ l' &= 1\,287\,099.804'' + (99^r + 1\,292\,581.244'')T - 0.577''T^2 - 0.012''T^3\\ F &= 335\,778.877'' + (1342^r + 295\,263.137'')T - 13.257''T^2 + 0.011''T^3\\ D &= 1\,072\,261.307'' + (1236^r + 1\,105\,601.328'')T - 6.891''T^2 + 0.019''T^3\\ \Omega &= 450\,160.280'' - (5^r + 482\,890.539'')T + 7.455''T^2 + 0.008''T^3\end{aligned}\right\} \tag{3.17}$$

式中：$1^r = 360° = 1\ 296\ 000''$。

T 为自 J2000.0 起算的儒略世纪数，按式(3.2)计算。根据 T 值，计算出上述基本引数，按 106 项章动表即可求得交角章动和黄经章动。

3.2.3 章动对天体赤道坐标的影响

通过上述讨论可知，有真天极、真赤道、真春分点与平天极、平赤道和平春分点之分。由真天极、真赤道、真春分点所决定的天体赤道坐标(α,δ)称为天体的真坐标，亦称真位置；由平天极、平赤道和平春分点所决定的天体赤道坐标称为平坐标，亦称平位置。因此，由恒星的平坐标换算为真坐标，其实质就是在平位置上顾及章动对其的影响。

(1) 章动矩阵

在图 3.15 中，P_0、Q_0 和 γ_0 分别为平北极、平赤道和平春分点；P、Q 和 γ 则分别为真北极、真赤道和真春分点。实际上，由平坐标转换成真坐标，就是将坐标系 $O-\gamma_0 Y_0 P_0$ 转换到 $O-\gamma YP$ 的问题。

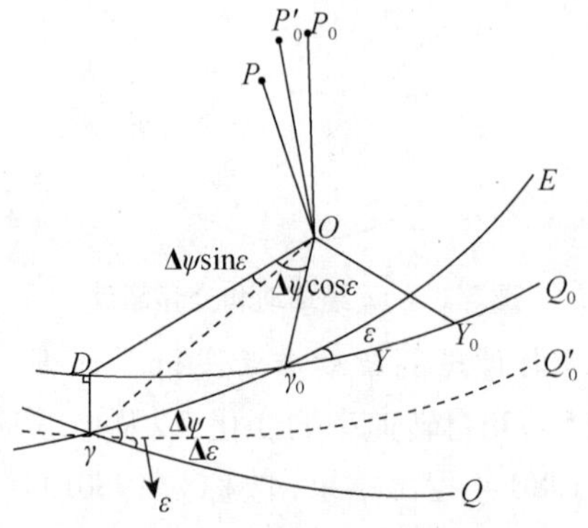

图 3.15 平坐标、真坐标转换

这里我们先谈近似转换。图 3.15 中，$\widehat{\gamma_0\gamma} = \Delta\psi$，过 γ 作一大圆弧垂直于 Q_0 并交于 D 点，过 γ 作一圆弧 Q'_0 平行于 Q_0，则 $\angle Q'_0\gamma Q = \varepsilon - \varepsilon_0 = \Delta\varepsilon$。由于球面直角三角形 $\gamma_0 D\gamma$ 很小，可近似视为平面直角三角形，则$\widehat{\gamma_0 D} = \Delta\psi \cdot \cos\varepsilon$，$\widehat{\gamma D} = \Delta\psi \cdot \sin\varepsilon$。先将 $O\gamma_0$ 轴(X 轴)绕 OP_0 轴(Z 轴)反向旋转$\widehat{\gamma_0 D} = \Delta\psi \cdot \cos\varepsilon$，则 γ_0 与 D 重合；其次将 OD 轴(新的 X 轴)绕轴 OY 轴(Y 轴)正向旋转$\widehat{\gamma D} = \Delta\psi \cdot \sin\varepsilon$，此时 OP_0 轴即旋转至 OP'_0 位置；最后将 OP'_0 轴(第二次旋转后的 Z 轴)绕 $O\gamma$ 轴反向旋转一 $\Delta\varepsilon$ 角。至此，平坐标系 $O-\gamma_0 Y_0 P_0$ 即转换成真坐标系 $O-\gamma YP$。

这里令 $\boldsymbol{N} = R_x(-\Delta\varepsilon)R_y(\Delta\varepsilon\sin\varepsilon)R_z(-\Delta\psi\cos\varepsilon)$，称为章动矩阵，其中二次项最大值约为 4×10^{-9}rad，当只取一次项时：

$$\boldsymbol{N} \cong \begin{bmatrix} 1 & -\Delta\psi\cos\varepsilon & -\Delta\psi sin\varepsilon \\ \Delta\psi\cos\varepsilon & 1 & -\Delta\varepsilon \\ \Delta\psi\sin\varepsilon & \Delta\varepsilon & 1 \end{bmatrix} \tag{3.18}$$

严密的章动矩阵转换的示意图见图 3.16。先将 OP_0 轴(Z 轴)绕 $O\gamma$ 轴(X 轴)正向旋转 ε 角，此时 Z 轴由 OP_0 轴变为 OK 轴。其次将 $O\gamma_0$ 轴绕 OK 轴反向旋转 $\Delta\psi$ 角，此时 γ_0 与 γ 重合。最后将 OK 轴绕 $O\gamma$ 轴反向旋转 $\varepsilon + \Delta\varepsilon$ 角，则 OK 与 OP 重合，Q_0 与 Q 重合，完成了两种坐标

的转换。

这里称 $\boldsymbol{N}=R_x(-\varepsilon-\Delta\varepsilon)R_z(-\Delta\psi)R_x(\varepsilon)$ 为严密章动矩阵。

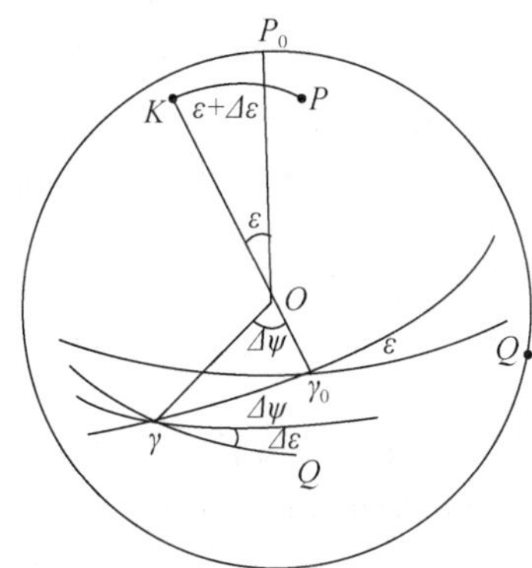

图 3.16　章动矩阵转换

(2) 天体平坐标转换为真坐标

设天体的平坐标为(α_0,δ_0)，真坐标为(α,δ)，则

$$\begin{bmatrix} x \\ y \\ z \end{bmatrix}_{(\alpha,\delta)} = \mathbf{N}\begin{bmatrix} x \\ y \\ z \end{bmatrix}_{(\alpha_0,\delta_0)} \tag{3.19}$$

章动旋转矩阵 $\boldsymbol{N}$ 为：

$$\boldsymbol{N}=\begin{bmatrix} n_{11} & n_{12} & n_{13} \\ n_{21} & n_{22} & n_{23} \\ n_{31} & n_{32} & n_{33} \end{bmatrix} \tag{3.20}$$

式中：

$$\left.\begin{aligned}
n_{11} &= \cos\Delta\psi \\
n_{12} &= -\sin\Delta\psi\cos\varepsilon \\
n_{13} &= -\sin\Delta\psi\sin\varepsilon \\
n_{21} &= \sin\Delta\psi\cos(\varepsilon+\Delta\varepsilon) \\
n_{22} &= \cos\Delta\psi\cos\varepsilon\cos(\varepsilon+\Delta\varepsilon)+\sin\varepsilon\sin(\varepsilon+\Delta\varepsilon) \\
n_{23} &= \cos\Delta\psi\sin\varepsilon\cos(\varepsilon+\Delta\varepsilon)-\cos\varepsilon\sin(\varepsilon+\Delta\varepsilon) \\
n_{31} &= \sin\Delta\psi\sin(\varepsilon+\Delta\varepsilon) \\
n_{32} &= \cos\Delta\psi\cos\varepsilon\sin(\varepsilon+\Delta\varepsilon)-\sin\varepsilon\cos(\varepsilon+\Delta\varepsilon) \\
n_{33} &= \cos\Delta\psi\sin\varepsilon\sin(\varepsilon+\Delta\varepsilon)+\cos\varepsilon\cos(\varepsilon+\Delta\varepsilon)
\end{aligned}\right\} \tag{3.21}$$

式中：ε 为平黄赤交角。

$\Delta\psi$、$\Delta\varepsilon$ 分别为黄经章动和交角章动，它们可由章动表计算得到。

岁差章动的旋转矩阵 $\boldsymbol{A}$ 为：

$$\boldsymbol{A}=\boldsymbol{N}\cdot\boldsymbol{P}=\begin{bmatrix} A_{11} & A_{12} & A_{13} \\ A_{21} & A_{22} & A_{23} \\ A_{31} & A_{32} & A_{33} \end{bmatrix} \tag{3.22}$$

任一天体由基本起始历元 J2000.0 的平位置(α_0,δ_0) 转换成瞬时真春分点和真赤道的真位置(α,δ) 时,应用的岁差和章动改正的矩阵转换公式为:

$$\begin{bmatrix}\cos\delta\cos\alpha\\ \cos\delta\sin\alpha\\ \sin\delta\end{bmatrix}=\begin{bmatrix}A_{11} & A_{12} & A_{13}\\ A_{21} & A_{22} & A_{23}\\ A_{31} & A_{32} & A_{33}\end{bmatrix}\begin{bmatrix}\cos\delta_0\cos\alpha_0\\ \cos\delta_0\sin\alpha_0\\ \sin\delta_0\end{bmatrix} \tag{3.23}$$

3.3 极移

早在 17 世纪,瑞士数学家欧拉就在《刚体旋转论》一书中,从理论上证明了如果没有外力作用,刚体地球的自转轴将在地球本体内围绕形状轴做自由摆动,其周期为 305 个恒星日。这是对地球存在极移的首次预言。由于当时受观测精度的限制,人们迟迟未从观测实践中证实欧拉的预言。直到 1842 年,俄国普尔科夫天文台的天文学家彼坚尔斯在天文纬度观测中发现了纬度变化,但当时却不能确切地解释这一现象。1885 年,德国天文学家居斯特纳在柏林天文台的纬度观测中,发现纬度存在着类似周年性的变化。1888 年,他证明他的观测结果与普尔科夫天文台观测结果的差异是因为地球自转轴在地面上的位移而引起的。

3.3.1 基本概念

(1)纬度变化与极移

如果纬度变化是地极移动引起的,那么在同一经圈上的两地,它们的纬度变化应大小相等且符号相同;而在经度相差 180°的两地,其纬度变化应大小相等而符号相反。为此,柏林天文台于 1891 年至 1892 年在柏林(λ=-13°20′)、布拉格(λ=-14°24′)和檀香山(λ=+157°15′)三地同时测定纬度,观察纬度的变化。结果证实前两个站的纬度变化的相位和振幅几乎一致;而它们与后一个站的纬度变化大小基本一致,相位正好相反,如图 3.17 所示。这说明纬度变化确是由于地极移动而产生的。由此可见,纬度与极移有着十分密切的关系。

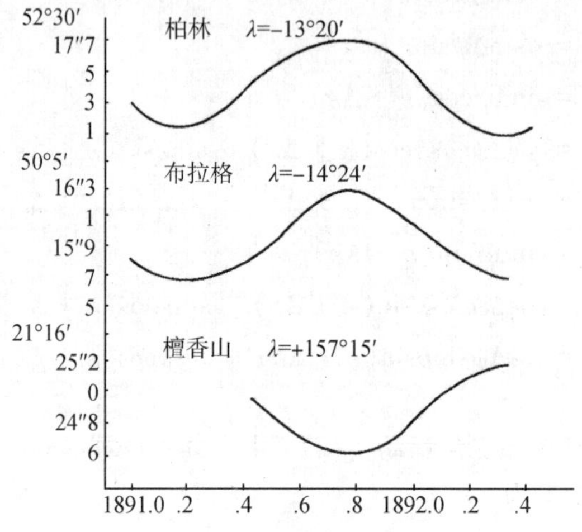

图 3.17 三地的纬度变化

通过纬度变化证实了极移的存在。同时,通过纬度变化可以研究极移的规律。根据纬度观测所确定的地极移动轨迹是异常复杂的，但其移动幅度不大，地极在地面上移动的范围不会超过±0.5″，即不会超出 30×30 m 的范围。

（2）地球瞬时旋转轴及其运动极面

地球本体绕通过地球质心的一根轴线做旋转，这根轴线就叫地球自转轴。地球自转轴在惯性空间其方向是变化的，即存在着岁差和章动。且地球自转轴在地球本体内也不是固定的，每一瞬间都在改变着位置，这就是极移。因此，地球自转轴又叫作瞬时旋转轴或瞬时自转轴，简称瞬时轴。严格而论，地球的自转是绕质心的“定点”转动。

物体绕固定轴旋转是一种十分普遍的现象。在日常生活中，门窗的开闭、砂轮的旋转、钟表指针的运转等都是绕固定轴的旋转。在这种旋转中，旋转轴在物体内部的位置是固定的，物体内的每个质点都有相同的角速度；质点离轴越远，它的速度就越大，位于轴上的质点速度为零。这就是说，物体的自转轴是一条几何直线，它通过速度为零的诸点，在任一瞬间，这些点的角速度都保持为零。

但在有一些旋转中，自转轴在物体内并不固定，为了便于理解这种现象，这里举一个简单的例子来说明。

若把一个自行车车轮的轮缘取下，把剩下的辐条车骨干竖放在一平面 AB 上做滚动，如图 3.18 所示，那么这个轮子将像迈步一样，从一根辐条跨越到另一根辐条。当轮子绕某辐条的端点 K_1 转过某一角度时，它就是在绕轴旋转，但此轴是通过 K_1 点而与纸面垂直的。此后，轮子将支撑在下一根辐条的端点 K_2 上，绕过 K_2 而与纸面垂直的轴旋转，依次而推。这就说明，在这类旋转中，旋转轴在改变着其本身在物体内的位置，它连续不断地通过点 K_1、K_2、K_3……。

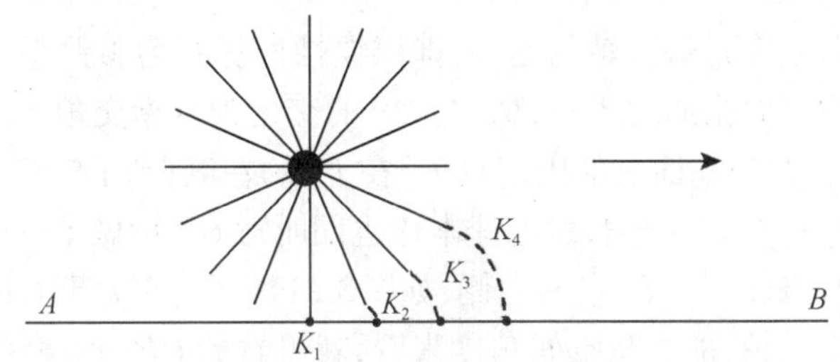

图 3.18　瞬时轴运动的一个例子

如果在平面上转动一个带轮缘的轮子，则其旋转轴通过轮缘和平面的接触点，并连续不断地在轮缘和平面上改变位置。这种在物体内连续地变化位置的旋转轴，叫作瞬时旋转轴。在某一给定的瞬间，瞬时旋转轴过旋转速度等于零的诸点，但到另一个瞬间，这些点的速度就不保持为零，而是另一根直线上点的旋转速度为零，这根直线就是这一瞬间的瞬时旋转轴。

如果我们在平面上推动一个圆锥，瞬时旋转轴就是圆锥面的各条母线，在给定的每个瞬间，母线与平面贴合，在平面上展成一个扇形。

由此可见，不同的物体有着不同的运动状态，而瞬时旋转轴的位置及其变化状态也是不同的。

在理论力学中，定义瞬时旋转轴在物体内部运动的轨迹为本体极面，在空间的运动轨迹为空间极面。在上例中，轮子在平面上滚动的本体极面为底面大小等于轮子的圆柱面，空间极面是平面；圆锥在平面上滚动的本体极面是圆锥面，空间极面是平面。

大量的观测资料表明：地球瞬时轴在地球本体内运动的本体极面是一个顶角约为 0.2″、以地球质心为圆锥顶点的圆锥面(见图 3.20 中的小圆锥)。地球瞬时轴的空间极面也是一个圆锥面,即岁差章动圆锥面(见图 3.20 中的大圆锥)。

(3) 岁差、章动和极移

根据前一章讨论可知,地球瞬时轴在空间运动的空间极面也是一个圆锥面,锥顶也是地球质心,其顶角为 23°27′,即黄赤交角,瞬时轴的这种运动通常称为进动或岁差,周期约为 26 000 年。而章动是指叠加在进动上的一系列周期运动,振幅很小,周期较短;其中主周期项为 18.66 年,相应的主振幅约为 9.2″。

现在从几何上简单说明瞬时轴的进动和极移之间的关系。

当我们在地球表面上来观察瞬时轴的运动时,以地固坐标系为参照系,看到瞬时轴的极点,即瞬时轴的端点,在地面上做近似圆周的运动。设该圆周运动的中心是地面上的固定点 P_0。当从时刻 t_1 到 t_2 时,瞬时极从地面上的 P_1 点移动到 P_2 点,这里取 P_2 和 P_1 位于圆周直径的两个端点,如图 3.19 所示。

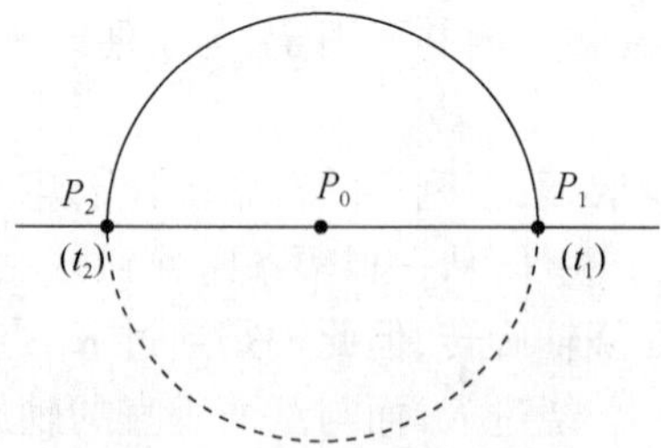

图 3.19　地固坐标系中的极移(时刻 t_1 和 t_2)

设我们站在地球上空来看瞬时轴的运动,即以惯性坐标系为参照系,如图 3.20 所示,O 为地球质心,OK 指向黄极,OP 指向北天极,OK 与 OP 的交角为黄赤交角 ε。在时刻 t_1 时,瞬时轴 OP 与地面的交点为 P_1,此时地面上的固定点 P_0 在 P_1 的左侧;到了时刻 t_2 时,由于进动,瞬时轴 OP 对黄极 K 转动了一个微小角 θ,而地球本体也同时对 OP 轴做了一个扭动,以致 OP 与地面的交点变为 P_2 点,P_0 点转到了 P_2 点的右侧,如图 3.21 所示。在 t_1 至 t_2 的时间段内,假定 OP_0 相对于地球本体是一固定轴,那么从空间角度来看,就可看到 OP_0 轴绕缓慢移动的 OP 轴做迅速的逆向旋转。

地球对于自转轴的这种扭动,使位于地球上的观测者相对于这个参数坐标系发生了位移。因此,观测者看到的固定于空间的恒星位置也发生了变化。将观测者在地面上测得的恒星位置扣除坐标系变化及其他因素的影响,那么在不同时刻恒星位置的变化就反映了由极移引起的观测者对于恒星的位置变化。其中,坐标系变化指的是岁差、章动;其他因素包括光行差、视差、蒙气差等。观测者的位置用观测者所在地点天顶的位置来确定,于是天顶就在固定的恒星间做微小移动,使恒星天顶距和地方纬度都产生微小变化。这就是通过观测恒星测定纬度变化和极移的原理。

由上述讨论可知,岁差、章动改变天极在天球上的位置,极移并不改变天极的位置,即极移不影响瞬时轴在空间的位置,但极移改变地球上各点的天顶点在天球上的位置。这里要指出,岁差、章动和极移之间不是互相割裂的,恰恰相反,岁差、章动和极移都是地球在日月引力作用下"定点"转动这一整体运动中的不同表现形态。

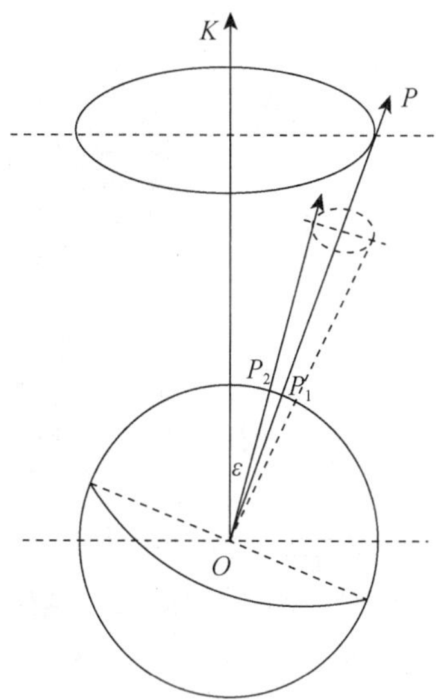

图 3.20　在惯性坐标系中地球旋转轴的运动(时刻 t_1)

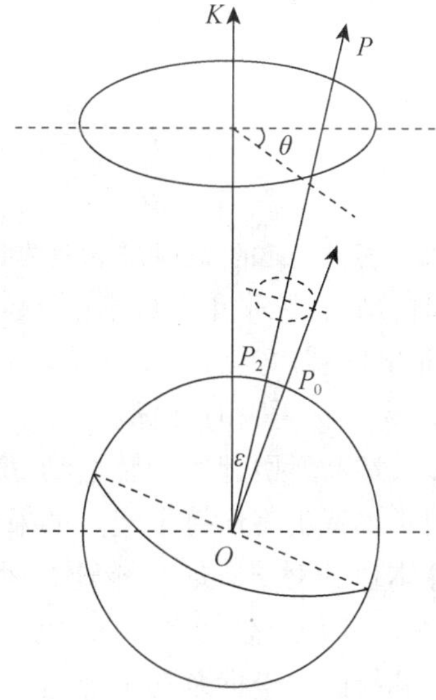

图 3.21　在惯性坐标系中地球旋转轴的运动(时刻 t_2)

3.3.2　极移和地理坐标的变化

由于地球瞬时自转轴在地球本体内的不断运动,而造成了地极沿地面的移动,这种运动简称极移。显然,由于极移的存在,地面点的纬度、经度和方位角都发生了变化。

为了定量地讨论极移所造成的地理坐标变化,需要选取适当的坐标系。如图 3.22 所示,作一地心天球,天球上 $Z_1,Z_2,\cdots,Z_n$ 为 n 个天文台的天顶,利用 Z_i 就可在天球上定义一个与各天文台的天顶固连在一起的极点 P。如果将 Z_i 与 P 的角距记为 ρ_i,当由于 Z_i 变动而产生 $\Delta\rho_i$ 时,$\sum(\Delta\rho_i)^2$ 总有最小值,那么满足这一要求的点 P 就称为假想极。

以假想极 P 为极点在天球上定义一个球面坐标系(见图 3.23),该坐标系的 X 轴指向格林

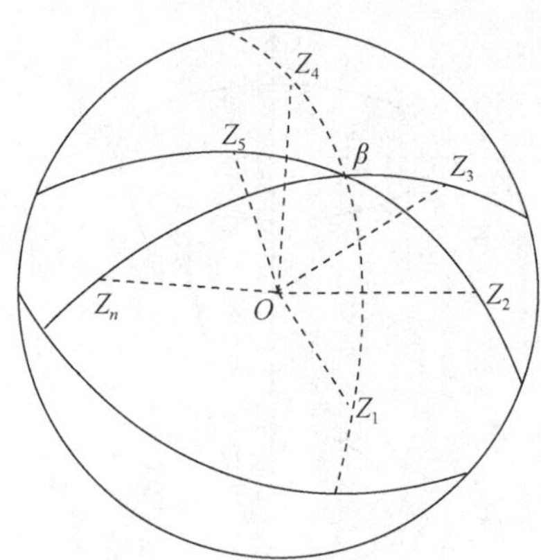

图 3.22 假想极的定义

尼治子午圈,向西旋转 90° 为 Y 轴的指向。这个球面坐标系称为假想坐标系,而 Z_i 在假想坐标系中的坐标 φ_{0i} 和 λ_{0i} 称为地理平坐标。

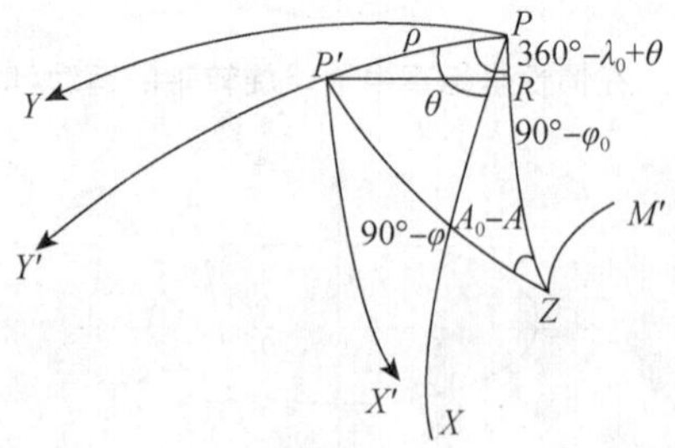

图 3.23 极移引起的纬度和方位角的变化

刚体地球的角动量矢量与瞬时自转轴几乎重合(其角距不超过 0.001″)。令角动量矢量与天球的交点为 P',P' 为极点的球面坐标系称为历书坐标系。X' 和 Y' 轴的指向与 X 和 Y 轴相同。Z_i 在历书坐标系中的坐标(φ_i,λ_i) 称为瞬时坐标。

假定已消除了恒星自行和岁差、章动所引起的旋转运动,那么,恒星、天极和赤道均固定在天球上,而地球自转轴与恒星的相对位置也将保持不变。如果再消除地球的周日旋转,历书坐标系将固定在天球上,而随着地球本体相对于瞬时自转轴的运动,Z_i 将在天球上移动,结果与 Z_i 固连在一起的假想坐标系就将相对于历书坐标系不断运动。

对于地面上的观测者而言,将参与假想坐标系的全部运动。因此,往往把假想坐标系视为固定的,而后研究历书坐标系相对于假想坐标系的运动,即极点 P' 相对于 P 运动。通常称 P 为平极,P' 为瞬时极。

3.3.3 地极坐标

在研究极移规律时,往往选取一个平面直角坐标系来代替球面坐标系,以达到简化的目的。通过地面上的平极作一切平面,在此平面内以平极为原点,将格林尼治子午线的方向取为 x 轴的正向,沿格林尼治以西 90° 的子午线方向取为 y 轴的正向。瞬时极在此坐标系中的坐标为(x,y),称为地极坐标。这里应注意的是,此坐标系与常用的笛卡儿坐标系不同,它是一个左旋坐标系。瞬时极 P 的坐标也可用极坐标(ρ,θ) 表示,如图 3.24 所示。地极坐标(x,y) 随时间而变化,这种变化反映了地极移动。

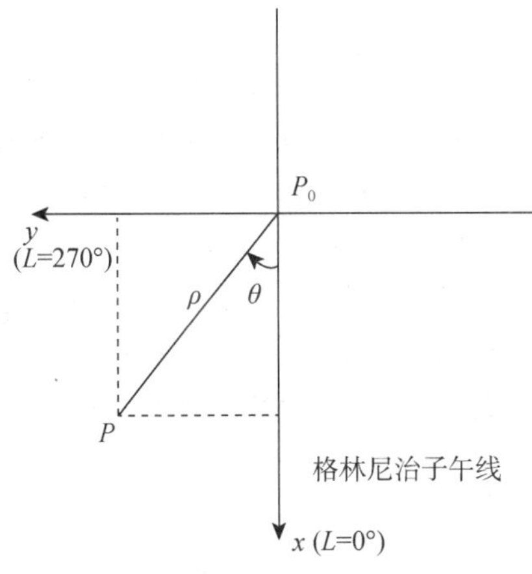

图 3.24　地极坐标系

(1) 平均纬度和平均极

由纬度变化确定地极坐标(x,y)，是根据式(3.24)来求解的。

$$\Delta\varphi = \varphi - \varphi_0 = x\cos\lambda + y\sin\lambda \tag{3.24}$$

式中：φ 为某一历元的纬度值，可从观测所得的纬度值建立的纬度变化曲线上量取；

φ_0 为平均纬度。

平均纬度的定义在极移研究中具有十分重要的意义，因为如何定义平均纬度以及确定它的数值都将直接关系到平均极的定义和地极坐标的数值。

目前有两种不同的平均纬度的定义：一是取 6 年内纬度平滑值的总平均值作为长期采用的平均纬度，这一平均纬度为一固定不变的值，故称为固定平纬；二是取观测站某一历元不含有周期性变化的纬度作为该历元的平均纬度，称历元平纬。历元平纬具有缓慢的长期变化，但在短期内，例如一年，可认为是基本不变的。这一计算历元平纬的方法是由苏联科学家奥尔洛夫提出的。

平均极就是地极坐标的参考原点，与平均纬度相对应也有两种不同定义的平均极，亦称地面极。一是由几个观测台站的固定平纬所确定的平均极，叫作固定平极，可以认为固定平极是在假设没有漂移的地面上的一个固定点；二是由一个或几个观测台站的历元平纬所确定的平均极，叫作历元平极。历元平极相对于固定平极是随时间而缓慢变化的。在求历元平极时，即使是同一历元，但由于不同国家或不同国际组织对消除纬度的周期性变化的处理方法不同，推算出的结果往往会有差异。利用中国的测纬资料用奥尔洛夫方法进行计算，建立了以 1968.0 年平北极为极原点的地极坐标系统，用极原点的汉语拼音缩写 JYD(1968.0) 表示。

(2) 国际协议原点(Conventional International Origin，CIO)

1967 年，国际天文学联合会(International Astronomical Union，IAU)、国际大地测量与地球物理联合会(International Union of Geodesy and Geophysics，IUGG)在意大利召开的讨论会上做出决议，取国际纬度服务局的五个台站在 1900 年至 1905 年(相当于平均历元 1903.0)所测定的地球自转轴的平均位置作为平均极(固定平极)，即地极坐标原点，简称极原点，这就是国际协议原点(CIO)。CIO 的建立，使国际上相对于不同模式、不同框架的多个地面极的混乱局面得以改善。

(3) 协议地球极

国际极移服务(International Polar Motion Service,IPMS)和国际时间局(Bureau International del' Heure,BIH)采用非刚体地球理论并融合传统光学观测技术和甚长基线干涉测量技术(Very-long-baseline interferometry,VLBI)等空间观测技术计算得到新的协议地球极(Conventional Terrestrial Pole,CTP),以1984.0为参考历元的CTP被广泛采用。例如GPS采用的WGS-84,国际地球自转服务(International Earth Rotation and Reference System Service,IERS)采用的国际地球参考框架(International Terrestrial Reference Frame,ITRF)都是采用BIH 1984.0的CTP作为Z轴的指向。IERS在其网站上给出了极移参数。

3.4 天球坐标系

天球坐标系是利用基本星表的数据把基本坐标系固定在天球上,星表中列出一定数量的恒星在某历元的天体赤道坐标值,以及由于岁差和自行共同影响而产生的坐标变化。基本坐标系是天文学和大地测量学所采用的基本参考系。在1984年前用FK_4星表作为通用的基本天球坐标系,由于科学的不断发展、新技术的兴起,天文观测精度得到了提高。国际天文学联合会在1976年、1979年和1982年的几次会议,决定用新的IAU1976岁差常数取代原来的纽康(S.Newcomb)岁差常数,用新的IAU1980章动序列取代伍拉德(Woolard)章动序列;并决定自1984年1月1日起,基本天球坐标系用新坐标系统FK_5。它比FK_4系统更接近于惯性参考系(能严格满足牛顿运动定律的参考系)。

天球坐标系除采用天球赤道坐标系外,还有表示天体在空间位置的黄道坐标系、银道坐标系等。本节重点介绍在大地测量的范畴内,常用到的天球坐标系——天球赤道坐标系和天球地平坐标系,如图3.25所示。

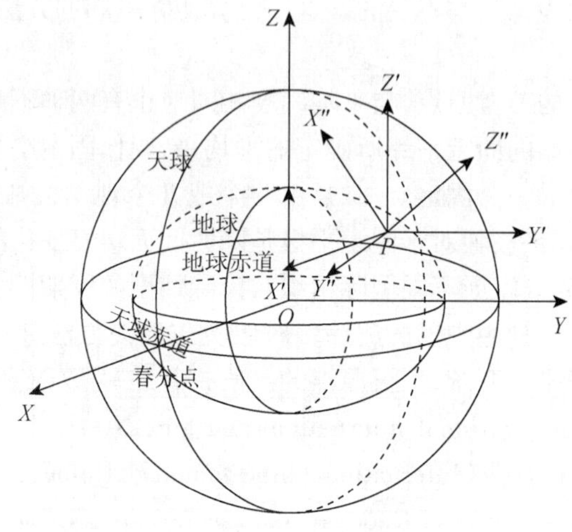

图3.25 天球坐标系

3.4.1 天球赤道坐标系

天球赤道坐标系由于选择的天球中心位置不同,分为日心坐标、地心坐标和站心坐标。在天文学中,为了使星表提供的恒星位置不随地球公转而变化,一般都把坐标系的原点,即天球中心，选在日心上，称为日心坐标；在地球的某一点上观测天体的坐标，一般把天球中心设在测站上，属站心坐标；为了把不同地点的观测值进行比较和综合利用，又必须把天球中心设在地心上，把站心坐标转化为地心坐标。在卫星大地测量中，我们所关心的是人造卫星相对于地球的运动，而不是相对于太阳的运动，因而也总是把天球赤道坐标系的原点设在地心上，用地心坐标。

同一天体在同一瞬间，这三种坐标是有区别的，其关系如下：

$$\left.\begin{aligned}\text{地心坐标} &= \text{站心坐标} + \text{周日视差改正}\\ \text{日心坐标} &= \text{地心坐标} + \text{恒星的周年视差}\end{aligned}\right\} \tag{3.25}$$

对一般恒星来说，因它们离地球很远，周日视差改正为零，因此测站中心坐标与地心坐标相等，而太阳、月亮、行星和人造卫星等离我们较近，特别是人造卫星的站心坐标与地心坐标相差很远，有时可达几十度，需要考虑这一影响，因而要区分站心坐标和地心坐标。因恒星离我们很遥远，周年视差一般均小于 0.1″。在卫星摄影观测中，我们要根据已知的恒星坐标来计算卫星的坐标，但目前摄影观测的精度不高，一般为 ± 1″ 左右。因而对上述绝大多数恒星而言，地心坐标与日心坐标相同，也可不考虑周年视差改正。少数恒星离我们较近，周年视差的影响不可忽视，其中半人马座 α 星的视差最大，为 0.761″；周年视差大于 0.33″ 的恒星有 8 颗，大于 0.20″ 的恒星有 40 颗，大于 0.10″ 的恒星共有 300 颗。

天球赤道坐标系一般用球面坐标描述，天体的坐标用 (α,δ) 表示。在卫星大地测量中，从坐标原点站心到卫星的距离 ρ 可以精确求得，因而表示卫星的位置时，增加一个距离参数 r，r 为卫星至地心的距离，用 (α,δ,r) 表示，即球面极坐标的形式，如图 3.26 所示。为了数据处理、使用方便，天球赤道坐标系除采用球面坐标外，还经常采用空间直角坐标的形式。在卫星大地测量中，常用的空间直角坐标系分为地心与站心坐标系。地心直角坐标系是这样定义的：它的坐标原点在地心，Z 轴指向北天极 P，X 轴指向春分点 γ，Y 轴垂直于 X 轴、Z 轴所在的平面，并组成右手坐标系。一个点在空间的位置用 (X,Y,Z) 表示。站心坐标系的定义是：坐标原点定在测站上，三个坐标轴 X'、Y'、Z' 分别和地心坐标系中的三个坐标轴 X、Y、Z 对应平行，这样定义的坐标系称为站心天球直角坐标系，有时简称为测站坐标系。

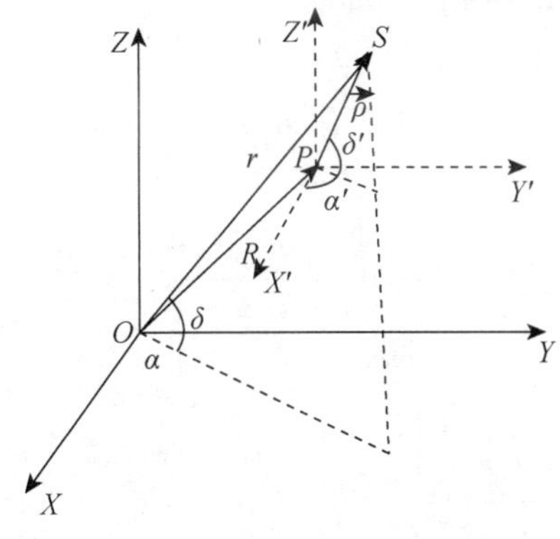

图 3.26　天球赤道坐标系

天球坐标系中，一点的球面极坐标与其空间直角坐标可以相互转换。已知天体的极坐标 (α,δ,r)，求其相应的空间直角坐标，如下式：

$$\begin{bmatrix} X \\ Y \\ Z \end{bmatrix} = r\begin{bmatrix} \cos\delta\cos\alpha \\ \cos\delta\sin\alpha \\ \sin\delta \end{bmatrix} \tag{3.26}$$

已知天体的空间直角坐标,求其相应的球面极坐标:

$$\left.\begin{aligned} &\alpha = \arctan\frac{Y}{X} \\ &\delta = \arcsin Z \text{ 或 } \delta = \arccos\frac{\sqrt{X^2 + Y^2}}{r} \\ &r = \sqrt{X^2 + Y^2 + Z^2} \end{aligned}\right\} \tag{3.27}$$

对卫星的任何观测,目前只能在测站上进行,得到的卫星坐标只能是观测值(p,α',δ'),然而在许多场合下,我们实际需要的却是卫星的地心天球坐标(r,α,δ),下面推导它们之间的转换关系公式。

已知测站P在地心坐标系中的坐标(X,Y,Z)和卫星S的站心坐标(ρ,α',δ'),求相应的卫星S的地心天球坐标(r,α,δ)。

从图3.26中可得:

$$\vec{r} = \overrightarrow{R} + \vec{\rho}$$

用直角坐标表示即为:

$$X = X_P + X'$$

$$Y = Y_P + Y'$$

$$Z = Z_P + Z'$$

用球面极坐标值代入上式得:

$$\left.\begin{aligned} &r\cos\delta\cos\alpha = X_P + \rho\cos\delta'\cos\alpha' \quad (1) \\ &r\cos\delta\sin\alpha = Y_P + \rho\cos\delta'\sin\alpha' \quad (2) \\ &r\sin\delta = Z_P + \rho\sin\delta' \quad (3) \end{aligned}\right\} \tag{3.28}$$

将(1) $\times \cos\alpha'$ + (2) $\times \sin\alpha'$ 得:

$$r\cos\delta\cos(\alpha - \alpha') = X_P\cos\alpha' + Y_P\sin\alpha' + \rho\cos\delta'$$

则

$$r = \frac{\rho\cos\delta' + X_P\cos\alpha' + Y_P\sin\alpha'}{\cos\delta\cos(\alpha - \alpha')}$$

将(2) $\times \cos\alpha'$ − (1) $\times \sin\alpha'$ 得:

$$r\cos\delta\sin(\alpha - \alpha') = Y_P\cos\alpha' - X_P\sin\alpha'$$

将r代入上式后,得:

$$\tan(\alpha - \alpha) = \frac{Y_P\cos\alpha' - X_P\sin\alpha'}{\rho\cos\delta' + X_P\cos\alpha' + Y_P\sin\alpha'}$$

将(3) $\times \cos(\alpha - \alpha')$ 得:

$$(\rho\sin\delta' + Z_P)\cos(\alpha - \alpha') = r\sin\delta\cos(\alpha - \alpha')$$

将r代入后,得:

$$\tan\delta = \frac{(\rho\sin\delta' + Z_P)\cos(\alpha - \alpha')}{\rho\cos\delta' + X_P\cos\alpha' + Y_P\sin\alpha'}$$

现将转换公式归纳如下,按公式顺序进行计算

$$\left.\begin{aligned}\tan(\alpha - \alpha') &= \frac{Y_P\cos\alpha' - X_P\sin\alpha'}{\rho\cos\delta' + X_P\cos\alpha' - Y_P\sin\alpha'}\\ \tan\delta &= \frac{(\rho\sin\delta' + Z_P)\cos(\alpha - \alpha')}{\rho\cos\delta' + X_P\cos\alpha' + Y_P\sin\alpha'}\\ r &= \frac{\rho\cos\delta' + X_P\cos\alpha' + Y_P\sin\alpha'}{\cos\delta\cos(\alpha - \alpha')}\end{aligned}\right\} \tag{3.29}$$

反之,当我们已知卫星的地心天球坐标,要求出其站心坐标,例如已知卫星轨道,要求出卫星通过测站的时间、方位、高度时,就需要先求出卫星的站心天球坐标(ρ,α',δ')。按上述类同的方法,可导出:

$$\begin{aligned}\tan(\alpha - \alpha') &= \frac{X_P\sin\alpha - Y_P\cos\alpha}{r\cos\delta - X_P\cos\alpha - Y_P\sin\alpha}\\ \tan\delta' &= \frac{(r\sin\delta - Z_P)\cos(\alpha' - \alpha)}{r\cos\delta - X_P\cos\alpha - Y_P\sin\alpha}\\ \rho &= \frac{r\cos\delta - X_P\cos\alpha - Y_P\sin\alpha}{\cos(\alpha' - \alpha)\cos\delta'}\end{aligned} \tag{3.30}$$

此外,也可用直角坐标来转换:

已知(ρ,α',δ'),求(r,α,δ):

$$\begin{bmatrix}X'\\Y'\\Z'\end{bmatrix} = \rho\begin{bmatrix}\cos\delta\cos\alpha'\\\cos\delta'\sin\alpha'\\\sin\delta\end{bmatrix} \qquad \begin{bmatrix}X\\Y\\Z\end{bmatrix} = \begin{bmatrix}X_P\\Y_P\\Z_P\end{bmatrix} + \begin{bmatrix}X'\\Y'\\Z'\end{bmatrix}$$

$$\left.\begin{aligned}\alpha &= \arctan\frac{Y}{X}\\ \delta &= \arccos\frac{\sqrt{X^2 + Y^2}}{r}\\ r &= \sqrt{X^2 + Y^2 + Z^2}\end{aligned}\right\} \tag{3.31}$$

反之,已知(r,α,δ),求(ρ,α',δ'):

$$\begin{bmatrix}X\\Y\\Z\end{bmatrix} = r\begin{bmatrix}\cos\delta\cos\alpha\\\cos\delta\sin\alpha\\\sin\delta\end{bmatrix} \qquad \begin{bmatrix}X'\\Y'\\Z'\end{bmatrix} = \begin{bmatrix}X\\Y\\Z\end{bmatrix} - \begin{bmatrix}X_P\\Y_P\\Z_P\end{bmatrix}$$

则

$$\left.\begin{aligned}\alpha' &= \arctan\frac{Y'}{X'}\\ \alpha' &= \arccos\frac{\sqrt{X'^2 + Y'^2}}{\rho}\\ \rho &= \sqrt{X'^2 + Y'^2 + Z'^2}\end{aligned}\right\} \tag{3.32}$$

这种方法步骤清楚,公式简单,适合于计算机解算。

由于岁差和章动的存在,天体的赤道坐标发生变化,这一影响方式见 3.1.4 节和 3.2.3 节。

3.4.2 天球地平坐标系

天球地平坐标系是观测工作中被广泛采用的一个坐标系,它与测站紧密相关,属测站中心坐标系统,若用球面极坐标表示,则以测站至目标的距离 ρ、高度角 h 和天文方位角 a 为坐标参数,如图 3.27 所示。在卫星大地测量中,规定天文方位角从正北起算,顺时针量度,与大地方位角的规定一致。若用直角坐标表示,Z'' 轴与测站铅垂线重合,指向天顶;X'' 轴在天球地平面内,指向北点;Y'' 轴也在天球地平面内,指向西点,属右手坐标系。该坐标系在卫星预报中常用到,如已知卫星轨道,要求出卫星通过测站的时间、方位和高度,需求出卫星的地平坐标。其计算步骤分为两步,首先将已知的卫星地心天球坐标(r,α,δ) 用式(3.30) 换算出相应的卫星站心天球坐标(ρ,α',δ'),再利用式(3.33) 将(ρ,α',δ') 换算为卫星的地平坐标(ρ,h,a)。

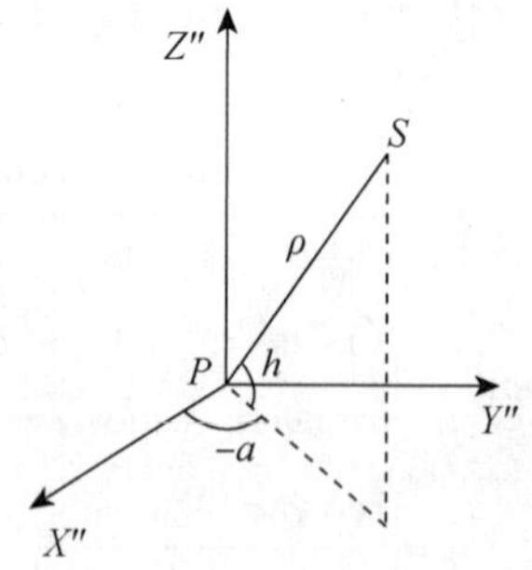

图 3.27 天球地平坐标系

$$\begin{bmatrix} X' \\ Y' \\ Z' \end{bmatrix} = \rho \begin{bmatrix} \cos\alpha'\cos\delta' \\ \cos\alpha'\sin\delta' \\ \sin\alpha' \end{bmatrix} \qquad \begin{bmatrix} X'' \\ Y'' \\ Z'' \end{bmatrix}_{(a,h)} = R_Y[-(90° - \varphi)] \begin{bmatrix} X' \\ Y' \\ Z' \end{bmatrix}_{(\alpha',\delta')}$$

$$\left.\begin{aligned} a &= \arctan^{-1} \frac{Y''}{X''} \\ h &= \arctan^{-1} \frac{Z''}{\sqrt{Z''^2 + Y''^2}} = \arcsin^{-1} Z'' \end{aligned}\right\} \tag{3.33}$$

也可用球面三角公式转换。

反之,若已知卫星的地平坐标(ρ,h,a),要求其地心坐标,则可利用式(3.34):

$$\begin{bmatrix} X'' \\ Y'' \\ Z'' \end{bmatrix} = \rho \begin{bmatrix} \cos h\cos\alpha \\ -\cos h\sin\alpha \\ \sin h \end{bmatrix} \tag{3.34}$$

若将地平坐标系 $O-X''Y''Z''$ 转换成测站中心坐标系 $O-X'Y'Z'$,只需将 $O-X''Y''Z''$ 绕 Y'' 轴旋转$(90° - \varphi)$ 角,再绕 Z'' 轴旋转$(180° - S_G - \lambda)$ 角(见图 3.28) 即可。其转换公式如式(3.35) 所示:

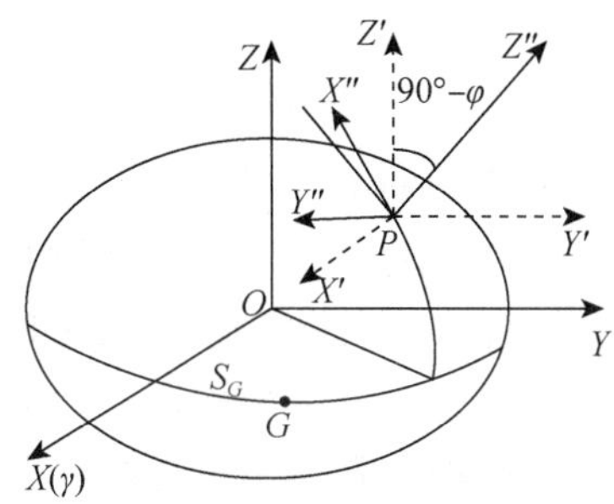

图 3.28　测站中心坐标系

$$\begin{bmatrix} X' \\ Y' \\ Z' \end{bmatrix} = R_Z(180° - S_G - \lambda) R_Y(90° - \varphi) \begin{bmatrix} X'' \\ Y'' \\ Z'' \end{bmatrix} \tag{3.35}$$

式中：

$$R_Z(180° - G - \lambda) = \begin{bmatrix} -\cos(S_G + \lambda) & \sin(S_G + \lambda) & 0 \\ -\sin(S_G + \lambda) & -\cos(S_G + \lambda) & 0 \\ 0 & 0 & 1 \end{bmatrix}$$

$$R_Y(90° - \varphi) = \begin{bmatrix} \sin\varphi & 0 & -\cos\varphi \\ 0 & 1 & 0 \\ \cos\varphi & 0 & \sin\varphi \end{bmatrix}$$

代入式(3.35)，得：

$$\begin{bmatrix} X' \\ Y' \\ Z' \end{bmatrix} = \begin{bmatrix} -\cos(S_G + \lambda)\sin\varphi\cos h\cos\alpha - \sin(S_G + \lambda)\cos h\sin\alpha \\ +\cos(S_G + \lambda)\cos\varphi\sin h \\ -\sin(S_G + \lambda)\sin\varphi\cos h\cos\alpha + \cos(S_G + \lambda)\cos h\sin\alpha \\ -\sin(S_G + \lambda)\cos\varphi\sin h \\ \cos\varphi\cos h\cos\alpha + \sin\varphi\sin h \end{bmatrix} \tag{3.36}$$

有了(X',Y',Z')后，用式(3.31)即可求出其相应的地心直角坐标(X,Y,Z)和地心球面坐标(α,δ,γ)。

如果地平坐标系的Z轴不是和垂线重合，而是和椭球面法线重合，则可以用同样方法求出它与原点在站心、三个坐标轴分别平行于地球坐标系的站心坐标系间的转换关系。这时只需将式(3.36)中的天文纬度φ换成大地纬度B，将$(S_G + \lambda)$换成大地经度L即可。

3.5　地球坐标系

地球坐标系是大地坐标系中最主要的坐标系统，为国防和经济建设、科学和工程研究提供几何位置基准和传递系统，为空间宇航和各种基地发射点、测控设备点、目标点等提供点位，也是一切其他测量坐标系统的基础。由于坐标原点选取的不同，地球坐标系又可分为：参心坐标系、地心坐标系和站心（测站中心）坐标系。本节分述这三种坐标系建立的基本原理，各坐标系的表示方法及其特点，我国常用的几种坐标系及各种坐标系间的转换方法等。

3.5.1 参心坐标系

参心坐标系是以参考椭球的中心为坐标原点的坐标系，它可细分为参心大地坐标系和参心空间大地直角坐标系两种。由于参考椭球的中心一般和地球质心不一致，故参心坐标系又称局部坐标系或相对坐标系。地面一点的参心大地坐标用大地经度 L、大地纬度 B 和大地高 h 表示。这种坐标系是经典大地测量的一种通用坐标系。

由于所采用的地球椭球不同，或地球椭球虽相同，但椭球的定位和定向不同，而有不同的参心大地坐标系。自新中国成立以来，我国有 1954 年北京坐标系、1980 西安坐标系和新 1954 年北京坐标系这三种参心大地坐标系，全世界目前有上百种参心大地坐标系。目前，世界上虽然不少国家建立了地心坐标系，但仍采用各自的参心大地坐标系测制各种比例尺地形图。

参心空间大地直角坐标系一般用 (X,Y,Z) 表示点的坐标，与参考椭球的元素无关，作为一种过渡换算的坐标系。地面点的参心空间大地直角坐标，可由该点的参心大地坐标按一定的数学公式计算得到。也可用现代空间大地测量手段，通过伪距法、多普勒法、载波相位法或干涉测量法等，直接或间接地测定点的地心空间大地平直角坐标，通过换算可求得该点的参心空间大地直角坐标，再反算出其参心大地坐标。这样，一方面利用空间大地测量手段，直接建立大地测量控制网，使传统的建立大地测量控制网的方法有了新的变化；另一方面可用以检核、加强和扩展地面大地网，进行远离陆地的岛屿联测，解决困难地区测图控制以及提高城市现有二、三、四等控制网的精度，以满足城乡规划、地籍测量和土地管理、勘察设计、形变监测等需要。

(1) 建立参心大地坐标系的基本原理

一个参心大地坐标系的建立，是由参考椭球的形状与大小（即长半径 a 和扁率 f）以及它相对于地球或大地水准面的位置而确定的。而确定参考椭球与地球的位置关系，也就是要确定参心直角大地坐标系与天文坐标系之间的关系。因此，建立一个参心大地坐标系，其基本原理包括以下几个方面的内容：

① 基本常数系统，包括地球椭球长半轴 a、重力场二阶带球谐系数 J_2、地球引力常数 GM 和地球自转角速度 ω 四个基本参数的选择；采用的天文和物理常数等。

② 地极及经度零点系统。

③ 确定坐标系中心（参考椭球中心）的位置，即参考椭球的定位。

④ 确定以参考椭球中心为原点的空间直角坐标系坐标轴的方向，即参考椭球的定向。

对于基本原理中的前两部分的内容，要视其本国或本地区的需要，并应使椭球面与某一区域的大地水准面最为接近，用数学表达式表示，即满足 $\sum N^2$ 最小；对于其后两部分，即参考椭球的定位和定向应当满足椭球的短轴与地球某一历元的自转轴相平行，起始大地子午面与起始天文子午面相平行的“双平行”条件。

直角坐标转换关系：从数学上可知，对于地球和椭球可分别建立空间直角坐标系 $O_1-X_1Y_1Z_1$ 和 $O-XYZ$。若确定其两个坐标系长度定义一致，确定了这两个坐标系的相对位置，就实现了参考椭球的定位与定向。一般说来，选择三个定位参数 ΔX_0、ΔY_0、ΔZ_0（椭球中心 O 相对于地球质心 O_1 的三个平移参数）和三个定向参数 ε_X、ε_Y、ε_Z（三个旋转参数，即三个欧拉角）来实现，如图 3.29 所示。当以上 6 个参数确定时，参心直角坐标 (X_1,Y,Z_1) 和 (X,Y,Z) 在天文坐标中的关系式为：

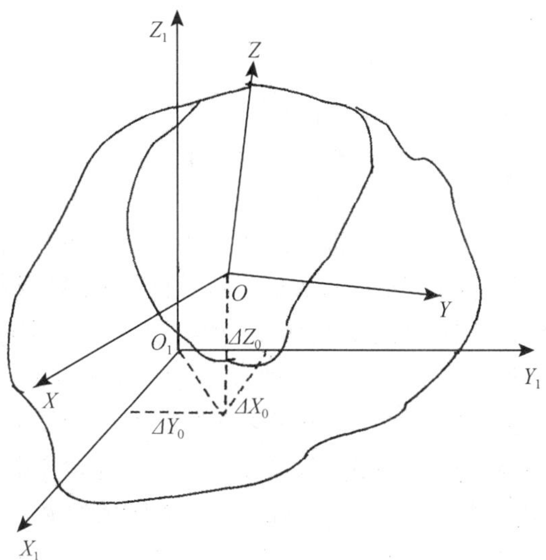

图 3.29　参心直角坐标系

$$\begin{bmatrix} X_1 \\ Y_1 \\ Z_1 \end{bmatrix} = \begin{bmatrix} \Delta X_0 \\ \Delta Y_0 \\ \Delta Z_0 \end{bmatrix} + \begin{bmatrix} 1 & \varepsilon_Z & -\varepsilon_Y \\ -\varepsilon_Z & 1 & \varepsilon_X \\ \varepsilon_Y & -\varepsilon_X & 1 \end{bmatrix} \begin{bmatrix} X \\ Y \\ Z \end{bmatrix} \tag{3.37}$$

或

$$\begin{bmatrix} X_1 \\ Y_1 \\ Z_1 \end{bmatrix} = \begin{bmatrix} \Delta X_0 \\ \Delta Y_0 \\ \Delta Z_0 \end{bmatrix} + \begin{bmatrix} X \\ Y \\ Z \end{bmatrix} + \begin{bmatrix} 0 & Z & -Y \\ -Z & 0 & X \\ Y & -X & 0 \end{bmatrix} + \begin{bmatrix} \varepsilon_X \\ \varepsilon_Y \\ \varepsilon_Z \end{bmatrix} \tag{3.38}$$

以上这种在直角坐标系中确定参考椭球中心的地心位移($\Delta X_0,\Delta Y_0,\Delta Z_0$) 和轴系不平行的旋转角($\varepsilon_X,\varepsilon_Y,\varepsilon_Z$) 的椭球定位方式又称为地心原点定位法。

曲面坐标的转换关系:在经典大地测量中,实际测量都是在地球表面上进行,且天文坐标与大地坐标依次为大地水准面和参考椭球面上的曲面坐标,其天文坐标(φ,λ,α) 与大地坐标(L,B,h) 在曲面坐标中的一般关系式为:

$$\left.\begin{aligned} L &= \lambda - \eta\sec\varphi - (\varepsilon_Y\sin\lambda + \varepsilon_X\cos\lambda)\tan\varphi + \varepsilon_Z \\ B &= \varphi - \xi - (\varepsilon_Y\cos\lambda - \varepsilon_X\sin\lambda) \\ A &= \alpha - \eta\tan\varphi - (\varepsilon_Y\sin\lambda + \varepsilon_X\cos\lambda)\sec\varphi \\ h &= H_{正} + N - (\varepsilon_y\cos\lambda - \varepsilon_X\sin\lambda)N'e^2\sin\varphi\cos\varphi \end{aligned}\right\} \tag{3.39}$$

式中:

η、ξ 为垂线偏差分量。

ε_X、ε_Y(一般小于0.5″)、ε_Z(对 H 没影响) 为欧拉角。在中纬度地区,由不平行引起 H 的改正最大也在 0.10 m 之内,通常可以忽略。

$H_{正}$ 为正高。

N 为大地水准面差距。

N' 为卯酉圈曲率半径。

一般来讲,世界上建立各种参心大地坐标系时,总是要求参考椭球体定向满足“双平行”的条件。在这种情况下,三个欧拉角为零,即 $\varepsilon_X = \varepsilon_Y = \varepsilon_Z = 0$,代入式(3.39),得简化的公式为：

$$\left.\begin{aligned} L &= \lambda - \eta\sec\varphi \\ B &= \varphi - \xi \\ A &= \alpha - \eta\tan\varphi \\ h &= H_{正} + N \end{aligned}\right\} \tag{3.40}$$

式(3.40)虽对参心大地坐标系中的每一点都适用，但由于η、ξ值很难精确求得，所以在实用中，首先选择一个适当的地面点K作为大地原点，在该点上精密测定天文经度λ_K、天文纬度φ_K，以及大地原点K至另一点的天文方位角α_K和正常高$H_{正K}$，利用该点原有的大地坐标和弧度测量方程，精确求出大地原点处的η_K、ξ_K和N_K，再用式(3.40)求出大地原点的大地坐标和L_K、B_K、A_K和h_K，然后通过大地主题解算公式逐点推算各点的大地坐标值。因此，在用曲面坐标表示法完成参考椭球的定位与定向时，除应满足所规定的参考椭球的定位与定向条件外，必须还得有一个大地原点的坐标，故λ_K、φ_K和α_K为参考椭球的另一组定向元素，η_K、ξ_K和N_K为相应的定位元素，这六个定位与定向元素与ΔX_0、ΔY_0、ΔZ_0、ε_X、ε_Y和ε_Z等同。该法又称为大地原点定位法。

(2)我国常用的三种参心坐标系

①1954年北京坐标系

在中华人民共和国成立初期，我国为迅速发展测绘科学，全面开展测图工作，加快社会主义经济建设和国防建设，于1954年建立了一个全国统一的参心大地坐标系，定名为1954年北京坐标系。其定义如下：

a.该坐标系的参考椭球参数采用克拉索夫斯基椭球参数，长半轴a=6 378 245 m，扁率f为1/298.3。

b.大地原点是苏联普尔科沃天文台圆柱大厅的中心点。

c.参考椭球的定位定向采用多点定位法，按苏联的旧有观测数据组成弧度测量方程，由900个点(在苏联)按$\sum_{1}^{900}[(\eta-\eta_g)^2+(\xi-\xi_g)^2]$=最小解得，大地原点的定位元素$\eta_K$、$\xi_K$、$N_K$由43个点按$\sum_{1}^{43}N^2$=最小解得，且$\varepsilon_X=\varepsilon_Y=\varepsilon_Z=0$。最后得到普尔科沃大地原点的坐标是：

$$B_K = \varphi_K - \xi_K = 59°46'18.71'' - 0.16'' = 59°46'18.55''$$

$$L_K = \lambda_K - \eta_K\sec\varphi_K = 39°19'38.55'' + 3.54'' = 30°19'42.09''$$

$$A_K = \alpha_K - \eta_K\tan\varphi_K = 121°40'36.13'' + 2.66'' = 121°40'38.79''$$

$$N_K = 0 \qquad \text{(至布拉格)}$$

d.我国新测的一等锁点的坐标，是由苏联西伯利亚地区的一等锁，经我国东北的呼玛、古拉林、东宁与日本关东军测量队在东北施测(1934—1944年)的部分一等锁相连，按普兰尼斯-普拉尼维奇法，以角度为元素在高斯投影面上分三次平差以换算坐标。显然，它就是苏联当时采用的1942年坐标系的延伸。

但1954年北京坐标系也不能说是苏联1942年坐标系，因为高程异常是以苏联1955年大地水准面重新平差的结果为起算值，按我国天文水准路线推算出来的，而高程又是以1956年青岛验潮站的黄海平均海水面为准。

1954年北京坐标系初建之后，全国天文大地网分期布设、施测，相应地进行了分区的天文大地网局部平差，至 20 世纪 60 年代末在全国范围内陆续完成，从而形成了全国统一的参心大地坐标系——1954 年北京坐标系。

1954 年北京坐标系建立以来，我国依据这个坐标系建立了全国天文大地网，完成了大量的测绘工作。但是随着相关理论和技术的不断发展，人们发现该坐标系存在如下缺点：

a.椭球参数存在较大误差。克拉索夫斯基椭球参数与现代精确的椭球参数相比，长半轴约长 109 m。

b.参考椭球面与我国大地水准面存在着自西向东明显的系统性倾斜，在东部地区大地水准面差距最大达 + 68 m。

c.几何大地测量和物理大地测量应用的参考面不统一。

d.定向不明确。椭球短轴的指向既不是国际上普遍采用的 CIO，也不是我国地极原点 JYD，起始大地子午面也不是 BIH 所定义的格林尼治平均天文台子午面，从而给坐标换算带来了不便和误差。

②1980 西安坐标系

由于 1954 年北京坐标系存在着上述缺点，1978 年我国决定对全国天文大地网施行整体平差，并建立新的国家大地坐标系统，整体平差在新大地坐标系统中进行。该系统即 1980 西安坐标系，也称为 1980 年国家大地坐标系，其定义如下：

a.地球椭球参数的选取：地球椭球四个基本参数采用国际大地测量协会（International Association of Geodesy，IAG）1975 年推荐值。其中：

椭球长半轴：$a = 6\ 378\ 140$ m；

地心（含大气层）引力常数：$GM = 3.986\ 005 \times 10^{14}\ \mathrm{m^3/s^2}$；

重力场二阶带球谐系数：$J_2 = 1.082\ 63 \times 10^{-3}$；

地球自转角速度：$\omega = 7.292\ 115 \times 10^{-5}$ rad/s。

此外，地球椭球扁率 $f = 1/298.257$；赤道的正常重力值 $\gamma_0 = 9.780\ 32\ \mathrm{m/s^2}$。

b.天文常数系统的选用

恒星坐标采用 FK_4 基本星表（属旧系统）。

周年光行差常数 $k = 20.496''$（属旧系统）。

真空光速 $c = 299\ 792\ 458$ m/s（属新系统）。

时间系统为我国综合时间系统。

地极系统：采用 $JYD_{1968.0}$ 平北极为该坐标系的地极原点，天文经度以上海天文台丹容等高仪基座中心的天文经度值为国家天文经度的起算值，$\lambda_{上海} = 8°05'42.5067''$。

c.椭球的定向明确：地球椭球的短轴平行于由地球质心指向 $JYD_{1968.0}$ 的方向，起始大地子午面平行于我国起始天文子午面，$\varepsilon_X = \varepsilon_Y = \varepsilon_Z = 0$。

d.大地原点选建在我国中部地区陕西省泾阳县永乐镇，简称西安原点。

e.大地原点定位采用多点定位，取全国 922 个 $1° \times 1°$ 的均匀网格点，建立弧度测量方程，按 $\sum_{1}^{922} \xi^2$ 最小，解得大地原点上的 ε_K、η_K、ζ_K 值。

f.大地点高程以 1956 年青岛验潮站求出的黄海平均海水面为基准。

椭球重新定位后与大地水准面密合较好，东部、西南、西部出现三条大地水准面零异常线，东部广大地区有明显改善。全镇平均差值由 1954 年北京坐标系的 29 m 减至 10 m，全国大地区多数在 15 m 以内。由于整体平差消除了分区局部平差所带来的弊病，提高了平差结果的精度。因此，用 1980 西安坐标系转换所得到的地心坐标精度，优于 1954 年北京坐标系的转换。

③ 新 1954 年北京坐标系

1980 年西安坐标系建立后，于 1982 年完成了全国天文大地网整体平差，计算出各大地控制点的坐标。随着大地坐标系的变更，不仅是一、二等控制点坐标发生了变化，所有测量成果都面临着一个系统转换的问题，这是一项非常复杂而艰巨的工作。由于各控制点在 1980 西安坐标系与 1954 年北京坐标系中的坐标值相差较大，这样在启用 1980 西安坐标系时，将引起成果换算的不便和地形图图廓及方里线位置的较大变化。考虑到 30 多年来我国测绘的历史和现状，作为一个过渡，由国家有关部门将全国天文大地网整体平差结果，通过 1980 西安坐标系的定位参数和克拉索夫斯基椭球参数整体换算至克拉索夫斯基参考椭球体上。这样得到的一个坐标系即称为“新 1954 年北京坐标系”。它的基本要点如下：

a.参考椭球参数采用克拉索夫斯基椭球参数。

b.椭球定向：坐标轴与 1980 西安坐标系相平行，地球椭球的短轴平行于由地球质心指向 $JYD_{1968.0}$ 方向，起始大地子午面平行于我国定义的起始天文子午面，$\varepsilon_X = \varepsilon_Y = \varepsilon_Z = 0$。

c.大地原点也选在陕西省泾阳县永乐镇，即西安原点，但大地原点的大地起算数据不同于 1980 年国家大地坐标系中的大地起算数据。

d.多点定位。参心虽和 1954 年北京坐标系参心不一致，但十分接近。

e.大地点高程以 1956 年青岛验潮站求出的黄海平均海水面为基准。

新 1954 年北京坐标系的坐标体现了天文大地网整体平差的优越性，因此它的精度与 1980 年西安坐标系坐标精度等同，克服了 1954 年北京坐标系局部平差的缺点。又由于所用参考椭球参数与 1954 年北京坐标系的相同，所以同一控制点的坐标在两个北京坐标系统中的值相差较少。例如对于投影平面坐标来说，两者坐标差值在全国约 80% 的地区在 5 m 以内，东北地区的坐标差值较大，特别是少数沿海地区，但最大也只有 12.9 m。纵坐标差值为 - 6.5 ~ + 28 m，横坐标差值 - 12.9 ~ + 9.0 m。这样的差异实际上并没有超出以往采用坐标与平差坐标之差的范围。反映在 1∶50 000 地图上，绝大部分不超过 0.1 mm，技术处理简单，有明显的经济效益。

(3) 大地坐标系和空间大地直角坐标系的换算

大地坐标系和空间大地直角坐标系间的换算，是现代大地测量实践中经常遇到的问题。椭球大地测量学已给出了把地面点的大地高 H 考虑在内的空间直角坐标与大地坐标的关系式：

$$\begin{bmatrix} X \\ Y \\ Z \end{bmatrix} = \begin{bmatrix} (N+H)\cos B\cos L \\ (N+H)\cos B\sin L \\ [N(1-e^2)+H]\sin B \end{bmatrix} \tag{3.41}$$

由 L、B 和 H 解算 X、Y、Z 称为正解，由上式可直接得到。而由 X、Y、Z 解算 L、B 和 H 称为反解，一般用迭代解法或直接解法计算。最近十余年来，国内外大量文献介绍了多种解法，本节将分别介绍其中有代表性的两种变换方法。

① 迭代法

由式(3.41) 可求出反解公式：

$$\left.\begin{aligned}&\tan L=\frac{Y}{Z}\\&N_{(i)}=a(1-e^2\sin^2B_{(i-1)})^{-\frac{1}{2}}\\&H_{(i)}=\frac{\sqrt{X^2+Y^2}}{\cos B_{(i-1)}}-N(i)\\&B_{(i)}=\arctan^{-1}\left[\frac{X}{\sqrt{X^2+Y^2}}\left(1-\frac{e^2N_{(i)}}{H_{(i)}+H_{(i)}}\right)^{-1}\right]\end{aligned}\right\}\tag{3.42}$$

由式(3.42)看出,要想求出 B、H,就得需要进行迭代计算。在迭代计算开始时,还需有初始值 N_0、H_0 和 B_0,然后用式(3.42)依次迭代,直至 $H_{(i)}-H_{(i-1)}$ 与 $B_{(i)}-B_{(i-1)}$ 达到所要求的精度。

实际计算表明,在要求 H 的计算精度为 0.001 m 和 B 的计算精度为 0.000 01″的情况下,一般要迭代 4 次左右。这种迭代方法计算 $N\to H\to B$ 比较麻烦且迭代次数较多,为使初始值简单又以较少的迭代次数达到要求的精度,得出另一种迭代公式。

在图 3.30 中,$PK_P=N+H$,$OP_1=\sqrt{X^2+Y^2}$,$QK_P=Ne^2$,$OK_P=Ne^2\sin B$,$OP=r=(X^2+Y^2+X^2)^{1/2}$。由图 3.30 可推求出迭代公式:

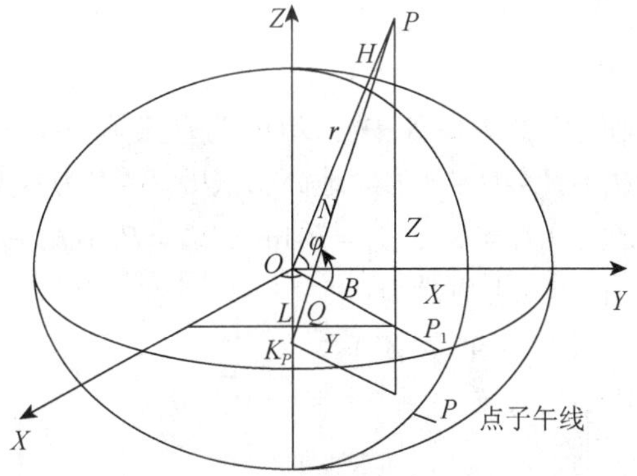

图 3.30　迭代公式推导

计算大地纬度初值

$$\left.\begin{aligned}r&=(X^2+Y^2+Z^2)^{1/2}\\\sin\varphi&=\frac{Z}{r}\\A&=\frac{ae^2}{2r}(1-e^2\sin^2\varphi)^{-\frac{1}{2}}\\\Delta B(\text{弧度})&=A\sin2\varphi(1+2A\cos2\varphi)\\B_0&=\varphi+\Delta B\end{aligned}\right\}\tag{3.43}$$

迭代计算

$$
\left.\begin{aligned}
\tan B_{(i)} &= \frac{1}{\sqrt{X^2+Y^2}}\left[Z+\frac{ce^2\tan B_{(i-1)}}{\sqrt{1+e^{12}+\tan^2 B_{(i-1)}}}\right] \\
\text{或}\quad \cot B_{(i)} &= \frac{\sqrt{X^2+Y^2}}{Z+\dfrac{ce^2}{\sqrt{1+(1+e^{12})\cot^2 B_{(i-1)}}}}
\end{aligned}\right\} \tag{3.44}
$$

直至 $\tan B_{(i)} - \tan B_{(i-1)}$ 或 $\cot B_{(i)} - \cot B_{(i-1)}$ 达到所要求的计算精度为止。

式中：

$$c = a^2/b$$

最后计算 H、L。

$$
\left.\begin{aligned}
H &= \frac{\sqrt{X^2+Y^2}}{\cos B} - N \quad \text{或} \quad H = \frac{Z}{\sin B} - N(1-e^2) \\
L &= \arctan^{-1}\frac{Y}{X} \quad \text{或} \quad L = \arcsin^{-1}\frac{Y}{\sqrt{X^2+Y^2}}
\end{aligned}\right\} \tag{3.45}
$$

② 直接法

直接法的公式较多，考虑到 $H/(X^2+Y^2+Z^2)^{1/2}$ 是一个小量（约为 10^{-8} 数量级）这一特点，推导出 H 与 B 的一种简化计算公式。该公式对大地高 $H < 10\ 000$ m 的点，能保证 H 的精度为 0.001 m，B 的精度为 0.000 01″。

如图 3.31 所示，D 为地面点，O 为椭球中心，ZOX 为 D 点子午面，$OD = r = (X^2+Y^2+Z^2)^{1/2}$，$\angle DOX = \varphi$ 为地心纬度，$OQ_1 = P$，$DQ = H$ 为大地高，$\angle QO_2X = B$ 为 D 点的大地纬度，$\angle Q_1O_1X$ 为 Q_1 点的大地纬度，$Q_1Q_2 = Z_{Q_1}$，$OQ_2 = X^*$，$Z_{Q_1} = P\sin\varphi$，$X^* = P\cos\varphi$，其余各量 η_1、η、$\Delta\varphi$ 和 ΔB 均如图所示。由图 3.31 可推出直接法公式为：

$$
\left.\begin{aligned}
r &= (X^2+Y^2+Z^2)^{1/2} \\
\sin^2\varphi &= \frac{Z^2}{r^2} \\
\sin^2\alpha\psi &= 4(\sin^2\varphi - \sin^4\varphi) \\
P &= a(1+e'^2\sin^2\varphi)^{-\frac{1}{2}} \\
H &= (r-P)\left(1-\frac{1}{2}q^2\sin 2\varphi\right) \\
N &= a[1-e^2(\sin^2\varphi + q\sin^2 2\varphi)]^{-\frac{1}{2}} \\
B &= \arctan\left[\frac{Z}{\sqrt{X^2+Y^2}}\left(1+\frac{e^2}{1-e^2+\dfrac{H}{N}}\right)\right] \\
L &= \arctan^{-1}\frac{Y}{X}
\end{aligned}\right\} \tag{3.46}
$$

式中：$q = \dfrac{e^2}{2-e^2}$。

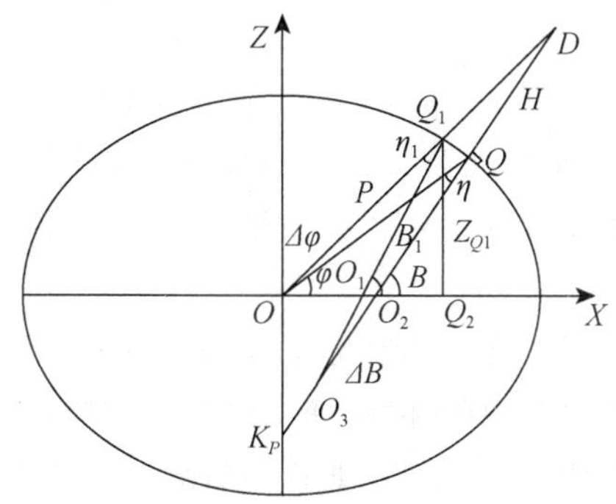

图 3.31　直接法推导

3.5.2　地心坐标系

地心坐标系以地球的质心为坐标原点，在形式上分为地心空间大地直角坐标系和地心大地坐标系等。而地心空间大地直角坐标系又可分为地心空间大地平直角坐标系和地心空间大地瞬时直角坐标系。地心空间大地平直角坐标系是卫星大地测量中的一个常用的基本坐标系，其点的坐标常用 L_D、B_D、h_D 表示，利用卫星大地测量轨道法等手段，可以直接获得，不涉及椭球的大小及定位。地心大地坐标系中，点的坐标用 L_D、B_D、h_D 表示，它与选择的椭球的大小和定位有关。椭球的大小应和整个地球的大地水准面最为密合，应用全球的资料按满足 $\iint N^2 \mathrm{d}\sigma =$ 最小算出，式中 N 为大地水准面差距，椭球的定位和定向也应满足一定的要求。最近 30 多年来，由于人造地球卫星以及其他各种宇宙飞行器发射升空，围绕着地球运转，其轨道平面随时通过地球质心。对它们的跟踪观测也应以地球质心为坐标系的原点，观测站所属坐标系的原点如果不在地球质心，就不能精确地确定飞行器坐标，从而无法精确地推算它们的轨道以及实施对它们的跟踪。所以建立地心坐标系，成了人们关注的一个新课题。建立和不断优化地心坐标系，对于空间技术、宇宙航行、远程武器的发射、各国大地坐标系的连接、全球导航和地球动态研究等，均具有重要的意义。

由于地球的形状是不断变化的，海洋潮汐、固体潮汐、大气潮汐、两极冰雪的移动、大陆板块运动和局部地壳形变等都会影响地心的位置，因此非常精确地确定地球质心的位置是很困难的。所以，对于地心的位置，目前只能通过在一定的精度范围内建立地心坐标系来标定它。

地心空间大地直角坐标系建立的基本原则：一是其坐标系的原点位于地球的质心；二是其坐标轴要定向。国际上一般采用的定向原则为：O_PZ_D 轴指向国际协议原点 CIO，O_DX_D 轴和 O_DZ_D 轴垂直且位于格林尼治平均天文台子午面内，O_DY_D 轴和 O_DZ_D 轴、O_DX_D 轴构成右手坐标系。而地心空间大地瞬时直角坐标系的特点是 O_DZ_D 轴指向瞬时极，它和地心空间大地（平）直角坐标系可通过极移进行换算。

地心大地坐标系的建立，一般要求有一个和全球大地水准面最为密合的椭球，因为全球密合椭球的中心一般可视为和地球的质心重合，因此地心大地坐标系的原点就位于该相应椭球的中心上，其短轴的指向和上述地心空间大地直角坐标系一样，通常指向国际协议原点 CIO。建立地心坐标系的方法很多，概括起来可将其分为直接法和间接法两大类。所谓直接法，就是通过一定的观测资料（如天文资料、重力资料、卫星观测资料等），直接求算出点的地心坐标的方法，如天文重力法和卫星大地测量动力法等；所谓间接法，就是通过一定的资料（其中包括地心系统和参心系统的资料)，求得地心坐标系和参心坐标系间所设某种数学模型的转换参数，再按其转换参数和已有的参心坐标，间接求得各点的地心坐标的方法，如应用全球天文大地水准面差距法、应用天文大地水准面与重力大地水准面差距法，以及应用一部分有地心坐标(一般采用卫星大地测量动力法求得）又有参心坐标的地面网点建立地心坐标转换参数等方法。

地心空间大地直角坐标系和地心大地坐标系间的换算可按3.2.1中有关的方法实施，只是这里选用的是一个和全球最密合的地球椭球，而不是某一参考椭球。

地心空间大地直角坐标系和参心空间大地直角坐标系间的换算，根据不同的情况和精度要求，可按三参数、四参数、五参数、六参数、七参数法及多项式拟合法等，也可用回归方程法等进行。

地心大地坐标系和参心大地坐标系间的换算，可按3.2.1中有关方法实施，当两种坐标系采用的椭球与参考椭球的元素不一致时，应顾及其变化值Δa和Δf。

3.2.1所介绍的各种坐标系的转换方法，只给出了其数学模型，而在实际应用时，必须根据坐标系的条件和转换要求，来决定选择哪一种数学转换模型。由于空间大地测量的兴起和飞速发展，参心空间大地直角坐标系和地心空间大地直角坐标系的换算被广泛地应用。利用空间大地测量方法，例如卫星多普勒方法，可以直接测定地面点的地心空间大地直角坐标，这些点构成的网叫卫星网；而利用传统大地测量方法，例如天文测量、三角测量、导线测量和水准测量、重力测量等测定的统一的三维大地网，可以通过计算得到地面点的参心空间大地直角坐标，这些点构成了天文大地网，简称地面网。通过整个锁网的天文大地网平差，可以得到很高精度的参心坐标，利用转换参数可以求得所有天文大地网点的地心坐标。这种间接方法建立的地心坐标比较经济、方便，且能达到一定的精度要求，满足有关部门的需要。反之，在不便于用常规大地测量的方法建立大地网的地方，如进行岛屿联测和海上钻井定位等，可利用空间大地测量的方法实测点的地心坐标，再通过坐标转换求出其参心坐标。随着空间大地测量的发展，全球定位系统的精度越来越高，如何利用卫星网来加强和提高地面网的精度是目前国内外学者研究的一个热门课题。

最后应该指出，当进行两种不同空间直角坐标系的转换时，坐标转换的精度除取决于坐标变换的数学模型和求解转换系数所用的公共点坐标精度外，还和公共点的几何图形结构有关。地面网系统误差在不同区域并不是一个常数，因此对较大的地面网，采用分区变换可以更好地反映实际情况，从而提高坐标变换精度。例如，将整个中国分成四个分区，实现参心坐标系和海军卫星导航系统地心坐标系的坐标变换时，利用分区三参数模型和七参数模型均比整区三参数模型和七参数模型转换误差小，前者的模型转换误差约为后者的2/3。

(1)世界大地坐标系

近几十年来，宇航事业的发展和空间大地测量的兴起，促进了地心坐标系的建立。1960年世界大地坐标系(World Geodetic System-60，WGS-60)问世。它采用了美国斯密松天文台(Smithsonian Astrophysical Observatory，SAO)12个站的跟踪网、美国海洋测量局的BC-4全球卫星三角网、美国国防部制图局西可尔系统赤道网和美国国防部子午仪卫星系统世界网等资料，在此基础上不断补充，并运用了大量的电学观测和光学观测数据，使其精度不断提高，进而有了1966世界大地坐标系(World Geodetic System-66，WGS-66)、1972世界大地坐标系(World Geodetic System-72，WGS-72)和1984世界大地坐标系(World Geodetic System-84，WGS-84)。

WGS-84 于 1985 年开始使用,并于 1986 年生产出第一批相对于地心坐标系的地图、航图和大地成果。全球定位系统 GPS,采用了 WGS-84 坐标系统,所以用户可以获得更高精度的地心坐标和参心大地坐标系坐标。WGS-84 世界大地坐标系在大地坐标系中占有重要地位。而各国的实用测量成果属于某一国家坐标系或地方坐标系,因此在使用 WGS-84 的过程中,必须解决 WGS-84 坐标系与实用测量成果的坐标系间的转换问题。

WGS-84 的定义:WGS-84 是修正了海军水面作战中心(Naval Surface Warfare Center 9Z-2,NSWC9Z-2)参考系(卫星多普勒定位系统的一个参考坐标系)的原点和尺度变化,并旋转其参考子午面与国际时间局(BIH)定义的零度子午面一致而得到的一个新参考系。WGS 坐标系的原点在地球质心,Z 轴指向 $BIH_{1984.0}$ 定义的协议地球极(CTP)方向,X 轴指向 $BIH_{1984.0}$ 的零度子午面和 CTP 赤道的交点,Y 轴和 Z 轴、X 轴构成右手坐标系。对 NSWC9Z-2 的具体修正值是:

①WGS-84 原点低于 NSWC9Z-2 原点 4.5 m。

②将 NSWC9Z-2 的尺度缩小 0.6ppm。

③使 NSWC9Z-2 的零子午面向西旋转 0.814″。

WGS-84 椭球及其有关常数:WGS-84 采用的椭球是国际大地测量与地球物理联合会第 17 届大会的大地测量常数推荐值。其 4 个基本参数是:

① 椭球长半轴:$a = 6\ 378\ 137.0$ m;

② 地球(含大气层)引力常数:$GM = 3\ 986\ 005 \times 10^8 \pm 0.6 \times 10^8 \text{m}^3/\text{s}^2$;

③ 重力场二阶带球谐系数:$J_2 = 108\ 263 \times 10^{-8}$;

④ 地球自转角速度:$\omega = 7\ 292\ 115 \times 10^{-11} \pm 0.1500 \times 10^{-11}$ rad/s。

其中,正常化二阶带球谐系数 $\bar{C}_{2.0} = -\dfrac{J_2}{\sqrt{5}}$,是为了保持与 WGS-84 的地球重力场模型系数相一致。使用以上四个基本常数,就可以计算出其他几何常数和物理常数。

(2) 北斗坐标系

北斗卫星导航系统采用北斗坐标系(BeiDou Coordinate System,BDCS)。BDCS 的定义符合国际地球自转服务(IERS) 规范,与 2000 中国大地坐标系(China Geodetic Coordinate System 2000,CGCS2000) 的定义一致(具有完全相同的参考椭球参数),具体定义如下:

① 原点、轴向及尺度的定义:原点位于地球质心;Z 轴指向 IERS 定义的参考极(IERS Reference Pole,IRP) 方向;X 轴为 IERS 定义的参考子午面(Infrared Receiver Module,IRM)与通过原点且同 Z 轴正交的赤道面的交线;Y 轴与 Z 轴、X 轴构成右手直角坐标系;长度单位是国际单位制(SI) 米(m)。

② 参考椭球的定义:BDCS 参考椭球的几何中心与地球质心重合,参考椭球的旋转轴与 Z 轴重合。BDCS 参考椭球定义的基本参数为:

椭球长半轴:$a = 6\ 378\ 137$ m;

地球(含大气层) 引力常数:$GM = 3.986\ 004\ 418 \times 10^{14}\ \text{m}^3/\text{s}^2$;

椭球扁率:$f = 1/298.257\ 222\ 101$;

地球自转角速度:$\omega = 7.292\ 115 \times 10^{-5}$ rad/s。

3.6 站心坐标系

在大地测量、天文测量和空间大地测量中，一般的观测都是在地面的测站上进行，因此很需要一个原点就设在测站中心的坐标系。通常，我们把原点在测站中心的空间直角坐标系统称为测站中心坐标系，简称站心坐标系。站心坐标系又由于其依据法线、用途不同而有不同，常见的可分为割平面空间直角坐标系、法线测量坐标系、导弹发射坐标系和垂线测量坐标系等。前两种站心坐标系以法线为依据，与所采用的椭球有关；后两种以测站的垂线为依据，其坐标值与参考椭球无关，对某一测站来说，其坐标是唯一的。站心坐标系的坐标原点一般均设在测站中心上，多用于导弹发射和各接收、测控设备点等。而我们往往需要的不是测站坐标系的观测值，而是天体或卫星在地心坐标系中的坐标值，因此，本节除介绍法线坐标系、导弹发射坐标系和垂线测量坐标系（割平面空间直角坐标系在椭球大地测量中有）外，还给出它们与地心空间大地（平）直角坐标系间的转换公式及相互转换的关系。

3.6.1 法线测量坐标系

法线测量坐标系一般用在测量设备接收天线的回转中心 $O_{法}$ 上，设 $O_{法}$ 为坐标原点，其相应的坐标系为 $O_{法}-X_{法}Y_{法}Z_{法}$，$X_{法}$ 轴是原点 $O_{法}$ 的大地子午面和包含 $O_{法}$ 且和法线垂直的平面的交线，向北为正；$Y_{法}$ 轴和 $O_{法}$ 点法线重合，向椭球外为正向；$Z_{法}$ 轴与 $X_{法}$ 轴、$Y_{法}$ 轴构成右手坐标系，如图 3.32 所示。

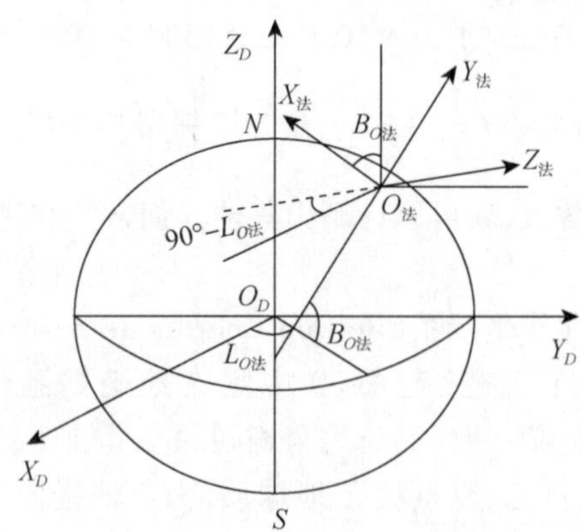

图 3.32 法线测量坐标系

从图中可看出，法线测量坐标系（$O_{法}-X_{法}Y_{法}Z_{法}$）和地心空间大地（平）直角坐标系（$O_D-X_DY_DZ_D$）间的转换可用下列公式进行：

$$\begin{bmatrix} X_{法} \\ Y_{法} \\ Z_{法} \end{bmatrix} = R_2(-90°)R_1(B_{O法})R_3[-(90°-L_{O法})]\begin{bmatrix} X_D - X_{O法} \\ Y_D - Y_{O法} \\ Z_D - Z_{O法} \end{bmatrix}$$

$$= \begin{bmatrix} -\cos L_{O法}\sin B_{O法} & -\sin L_{O法}\sin B_{法} & \cos B_{O法} \\ \cos L_{O法}\cos B_{O法} & \sin L_{O法}\cos B_{O法} & \sin B_{O法} \\ -\sin L_{O法} & \cos L_{O法} & 0 \end{bmatrix} \times \begin{bmatrix} X_D - X_{O法} \\ Y_D - Y_{O法} \\ Z_D - Z_{O法} \end{bmatrix} \tag{3.47}$$

式中：$L_{O法}$、$B_{O法}$ 为法线测量坐标系原点 $O_{法}$ 的地心大地经度和地心大地纬度；

$X_{O法}$、$Y_{O法}$、$Z_{O法}$ 为该点的地心空间大地（平）直角坐标，可由式（3.41）算得；

X_D、Y_D、Z_D 为某点的地心空间大地（平）直角坐标，由该点的地心大地经度、地心大地纬度和地心大地高计算。

若已知 $X_{法}$、$Y_{法}$ 和 $Z_{法}$，反求 X_D、Y_D 和 Z_D，则用式（3.48）计算：

$$\begin{aligned}\begin{bmatrix}X_D\\Y_D\\Z_D\end{bmatrix}&=\begin{bmatrix}X_{O法}\\Y_{O法}\\Z_{O法}\end{bmatrix}+R_3^{-1}[-(90^\circ-L_{O法})]R_1^{-1}(B_{O法})R_2^{-1}(-90^\circ)\begin{bmatrix}X_{法}\\Y_{法}\\Z_{法}\end{bmatrix}\\&=\begin{bmatrix}X_{O法}\\Y_{O法}\\Z_{O法}\end{bmatrix}+R_3(90^\circ-L_{O法})R_1(-B_{O法})R_2(90^\circ)\begin{bmatrix}X_{法}\\Y_{法}\\Z_{法}\end{bmatrix}\end{aligned}\tag{3.48}$$

法线测量坐标系和割平面空间直角坐标系都与参考椭球有关，且当两坐标系原点重合时，区别只是坐标轴的规定不同，割平面空间直角坐标系的原点一般选在测区中央某测站点对于参考椭球的法线上，但位于椭球面的下方，从而使整个测区中的 $Z_{割}$ 值均为正。$Z_{割}$ 轴和 $D_{割}$ 点的法线重合，指向椭球外为正；$Y_{割}$ 轴是原点 $O_{割}$ 的大地子午面和包含原点 $O_{割}$ 且和法线垂直的平面交线，以北为正；$X_{割}$ 轴和 $Y_{割}$ 轴、$Z_{割}$ 轴构成右手坐标系。若坐标原点分别选择在法线方向上的地面上、大地水准面上或椭球面上，则相应的坐标系称为切平面空间直角坐标系。总之，上述与参考椭球有关的这些空间直角坐标系统均属于局部大地测量坐标系统。

3.6.2　导弹发射坐标系

原点在测站中心的空间直角坐标系统，以测点铅垂线方向为依据的统称为局部天文测量坐标系统，其中常用的有导弹发射坐标系和垂线测量坐标系。

导弹发射坐标系的原点 $O_{导}$ 一般位于发射台中心在发射工作时的地面投影点上；$Y_{导}$ 轴与该点的铅垂线方向一致，指向地球外为正；$X_{导}$ 轴是发射点至目标点的照准面和包含发射点的水平面的交线，指向目标点方向为正；$Z_{导}$ 轴和 $X_{导}$ 轴、$Y_{导}$ 轴构成右手坐标系，如图 3.33 所示。

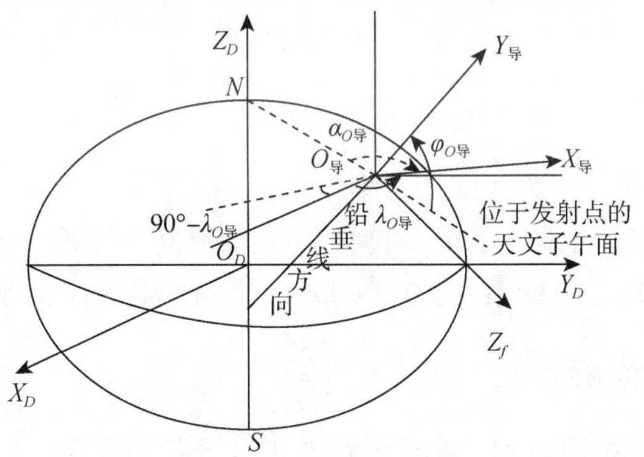

图 3.33　导弹发射坐标系

若已知某点的地心空间大地（平）直角坐标系的坐标 X_D、Y_D、Z_D，求其在导弹发射坐标系中的坐标 $X_{导}$、$Y_{导}$、$Z_{导}$，可用下式计算：

$$\begin{bmatrix} X_{导} \\ Y_{导} \\ Z_{导} \end{bmatrix} = R_2[-(90° + \alpha_{O导})]R_1[-(360° - \varphi_{O导})]$$

$$R_3[-(90° - \lambda_{O导})]\begin{bmatrix} X_D - X_{O导} \\ Y_D - Y_{O导} \\ Z_D - Z_{O导} \end{bmatrix} \tag{3.49}$$

式中:$X_{O导}$、$Y_{O导}$、$Z_{O导}$ 为 $O_{导}$ 点的地心空间大地(平)直角坐标;

$\lambda_{O导}$、$\varphi_{O导}$ 和 $\alpha_{O导}$ 为发射点 $O_{导}$ 的天文经度、天文纬度和发射点至目标点的天文方位角,需加极移改正。

若已知某点的导弹发射坐标系的坐标 $X_{导}$、$Y_{导}$ 和 $Z_{导}$,求其相应的地心空间大地(平)直角坐标 X_D、Y_D 和 Z_D,可用下式进行转换:

$$\begin{aligned} \begin{bmatrix} X_D \\ Y_D \\ Z_D \end{bmatrix} &= \begin{bmatrix} X_{O导} \\ Y_{O导} \\ Z_{O导} \end{bmatrix} + R_3^{-1}[-(90° - \lambda_{O导})]R_1^{-1}[-(360° - \varphi_{O导})]R_2^{-1}[-(90° + \alpha_{O导})]\begin{bmatrix} X_{导} \\ Y_{导} \\ Z_{导} \end{bmatrix} \\ &= \begin{bmatrix} X_{O导} \\ Y_{O导} \\ Z_{O导} \end{bmatrix} + R_3(90° - \lambda_{O导})R_1(-\varphi_{O导})R_2(90° + \alpha_{O导})\begin{bmatrix} X_{导} \\ Y_{导} \\ Z_{导} \end{bmatrix} \end{aligned} \tag{3.50}$$

式中:$R_1(\varphi)$、$R_2(\psi)$、$R_3(\theta)$ 为旋转矩阵。

$$\left.\begin{aligned} R_1(\varphi) &= \begin{bmatrix} 1 & 0 & 0 \\ 0 & \cos\varphi & \sin\varphi \\ 0 & -\sin\varphi & \cos\varphi \end{bmatrix} \\ R_2(\psi) &= \begin{bmatrix} \cos\psi & 0 & -\sin\psi \\ 0 & 1 & 0 \\ \sin\psi & 0 & \cos\psi \end{bmatrix} \\ R_3(\theta) &= \begin{bmatrix} \cos\theta & \sin\theta & 0 \\ -\sin\theta & \cos\theta & 0 \\ 0 & 0 & 1 \end{bmatrix} \end{aligned}\right\} \tag{3.51}$$

若将导弹发射坐标系转换为法线测量坐标系,可先将导弹发射坐标系按式(3.49)转换为地心坐标系,再按式(3.47)将地心坐标系转换为法线测量坐标系。反之,可先将法线测量坐标系按式(3.48)转换为地心坐标系,再按式(3.49)转换为导弹发射坐标系。

3.6.3 垂线测量坐标系

垂线测量坐标系一般把原点 $O_{垂}$ 设在无线电测量设备接收天线的回转中心或光学瞄准主镜的回转中心;$Y_{垂}$ 轴和原点的铅垂线方向重合,指向地球外为正;$X_{垂}$ 轴是原点 $O_{垂}$ 的天文子午面和包含原点 $O_{垂}$ 且和铅垂线方向垂直的平面交线,指向北为正;$Z_{垂}$ 轴与 $X_{垂}$ 轴、$Y_{垂}$ 轴构成右手坐标系。

垂线测量坐标系与地心空间大地(平)直角坐标系间的转换用式(3.52)、式(3.53)进行:

$$\begin{bmatrix} X_{垂} \\ Y_{垂} \\ Z_{垂} \end{bmatrix} = R_2(-90°)R_1(\varphi_{O垂})R_3[-(90° - \lambda_{O垂})]\begin{bmatrix} X_D - X_{O垂} \\ Y_D - Y_{O垂} \\ Z_D - Z_{O垂} \end{bmatrix} \tag{3.52}$$

$$\begin{bmatrix} X_D \\ Y_D \\ Z_D \end{bmatrix} = \begin{bmatrix} X_{O垂} \\ Y_{O垂} \\ Z_{O垂} \end{bmatrix} + R_3^{-1}[-(90° - \lambda_{O垂})]R_1^{-1}(\varphi_{O垂})R_2^{-1}(-90°)\begin{bmatrix} X_{垂} \\ Y_{垂} \\ Z_{垂} \end{bmatrix} \tag{3.53}$$

垂线测量坐标系和法线测量坐标系间的转换方法，与垂线测量坐标系和导弹发射坐标系间的转换方法相同，都是先将前者转换为地心坐标系，再由地心坐标系转换成后者，具体公式不在这里赘述。

3.7　协议惯性参考系和协议地固参考系

3.7.1　大地坐标系的展望

大地坐标系的建立和发展经历了一个漫长的时代。近一个世纪以来，世界上建立了百余种大地坐标系，我国也先后建成了三个大地坐标系。这些坐标系都是以经典的方法建立的，由大地经纬度和垂直大地高组合而成，是一种近似的三维参考系。这种定位方法称为相对定位或非地心定位，也称为椭球定位。

人类为了探索宇宙，对地球进行了深入的研究，因而发明了人造卫星，随之产生了空间大地测量学。特别是20世纪50年代后，大地测量的各种新技术蓬勃发展，如月球激光测距（Lunar Laser Ranging，LLR）、激光测卫（Satellite Laser Ranging，SLR）及甚长基线干涉测量（VLBI）等，其精度已达厘米级，与经典的大地测量相比，精度几乎提高了两个数量级，相应的理论和计算就需要考虑到各种因素，以保证其精度，因此各种大地参考系统先后产生。这些新技术的参考系的坐标原点力图在地球质心，故称为绝对定位或地心定位，是真正的三维参考系。在20世纪90年代全球定位系统被广泛应用后，大量的实践说明GNSS测量基线的精度优于1/1 000 000，它可以用来建立高精度的三维大地网。但利用这些新技术，即使使用同一种仪器观测，不同单位所用的参考系也有所不同，因此，参考系的选取问题成为涉及广泛而且十分重要的问题。

利用空间大地测量技术建立的参考系，不仅包含一个坐标系及其定义，还包含一整套几何量和物理常数及有关的其他常数，如椭球重力公式、地球重力场模型、大地水准面、一组跟踪站的地心坐标，以及该坐标系和其他坐标系间的数学变换模型及其参数等。随着大地测量方法和计算技术的不断改进，精度不断提高，大地测量所要确定的量必须看作随时间而变化的量，从而产生了四维大地测量的概念。

目前，国际上正在研究如何建立和保持一个很好定义的四维大地测量参考系统，它应包括理论上的定义、实际如何实现，以及为世界各国所能接受的一个适合的参考系，即协议惯性参考系（Conventional Inertial System，CIS）和协议地固参考系（Conventional Terrestrial System，CTS）。

3.7.2 协议惯性参考系

近十几年来,地球动力学在国际研究中兴起,最热门、最重要的研究是板块内部和板块之间的尺度上的板块构造,也就是地壳运动、地球自转以及潮汐等其他动力学现象,以尽力改进我们对地球引力场和地球磁场的认识。所有这些研究都希望能有一个很好定义的坐标系或者所有有关的观测都能参考的坐标系,在这个坐标系统中,能够用公式阐述地球动力学特性的理论或模型。因此,参考系的问题也成为地球动力学中的一个重要课题。在IAU与国际大地测量学和地球物理学联合会(IUGG)等大会讨论的基础上,基本普遍认为人们不仅需要有精确定义的与地球紧密联系的协议地固参考系,用以监测地面点位的变化,而且需要有能监测协议地固参考系变化的协议天球参考系,即协议惯性参考系,以便确定地球的运动,才能随时求得任一瞬间地面点位的精确位置。因此,目前国际上正在对如何确立协议惯性参考系和协议地固参考系进行研究与操作。

根据牛顿第一定律,参考系在空间以恒定的平移速度运动,但没有转动的叫惯性参考系。因此,惯性参考系相对于绝对空间或处在静止状态,或处在匀速直线运动中。若一参考系虽没有旋转运动,但它的原点有加速度,则叫准惯性参考系。例如无旋转的地心笛卡儿坐标系,由于地球轨道是椭圆,它的原点以变化的速度绕太阳运动,因此是准惯性参考系。而惯性参考系是通过位置不变的射电源、恒星或动力学确定的无旋转平面的观测而定义和具体实现的。

(1) 射电源惯性参考系

这个参考系用甚长基线干涉仪(Very Long Baseline Interferometry,VLBI)测定射电源相对于地球瞬时自转轴的赤纬以及相对于所选的源的赤经差,通常用类星体3C 273或恒星大陵五(Algol)作为所选源,同时观测也测定地球自转矢量相对于所选定的初始状态的变化,以及基线本身和某些仪器的改正。经过适当选择的射电源,可忽略射电源的相对运动和参考系的移动,因此这种参考系可以看作惯性参考系。射电源CIS的精确度只与射电源位置在星表中的精度有关,过去为0.1″,希望在N年内精度达到0.001″的水平。最精确的长期CIS是与河外射电源相连接的,通过VLBI的观测可以得到。其他观测参考系可以通过在同一台站做不同技术的观测及天体测量卫星精确地与它相连。

(2)恒星惯性参考系

这个参考系是联系到FK_5星表中的恒星,也就是FK_5恒星的赤经和赤纬的采用值定义了赤道和春分点,因而也就定义了恒星CIS的坐标轴。FK_5-CIS的精度依赖于恒星的位置在FK_5中的精确度,比射电源CIS的精度低一些,在精度最坏的天区,位置精度不低于0.02″,周年自行精度不低于0.0015″。它的主要价值是用来定义传统的赤道坐标系,从而为UT_1定义射电源CIS的定向提供了基本方向,即分点方向。

(3)动力学惯性参考系

运动方程所表示的动力学确定了许多无旋转平面,这些平面可作为坐标系的基本平面。能作为这种动力学CIS的基础并且也可以观测到的平面有行星(包括地月重心)轨道平面、赤道平面、月球轨道平面或某些高空飞行的人造卫星轨道平面。采用可观测到的视平面或不可观测到的不变平面来确定某一历元的平均平面是可能的。此外,要定义参考系原点,还需要建立一个均匀和明确的时间尺度,它参考于所规定的原点的无旋转参考系。动力学CIS的行星参考系相当于FK_5,月球和卫星参考系本身仅对中短期工作是合适的。通过在同一台站进行不同技术的精确的连续观测与射电源 CIS 连接,可延长它们的使用期。

对测地和地球动力学的应用而言,最有用的 CIS 连接于河外射电源,其方向与 FK_5 联系。该系统的原点可任意取在地球质心、太阳系质心或别的地方,这取决于应用或计算的方便而定。

3.7.3　协议地固参考系

协议地固参考系 CTS 是未来的大地参考系,CTS 按某种规定的方式与在地球表面上的观测站相联结。CTS 的原点位于地球质量中心上,CTS 的 Z 轴以伍拉德章动序列为标准,按 BIH 公布的极坐标来定义。而其 X 轴是用参加 BIH 的测时台站(约 50 个)采用的经度(格林尼治平均天文台)来定义的。Y 轴与 Z 轴、X 轴垂直。

习惯上,CIS 和 CTS 间的关系用下式表示:

$$[CTS]=[S][N][P][M][CIS] \tag{3.54}$$

式中:$[S]$ 是地球自转(包括极移)矩阵;

$[N]$ 是章动旋转矩阵;

$[P]$ 是岁差矩阵;

$[M]$ 是自行旋转矩阵。

由式(3.54)可看出,我们要精密定位必须要顾及动力学的影响,如:地球自转,固体潮和海潮,板块运动和地壳形变,以及相对论效应等。大地参考系的定向还受极移的影响;天文参考系受地轴的岁差和章动以及地球自转角速度变化的影响。而动力学的这些现象能够用空间大地测量等定位方法来监测。

近几十年来,由于各种空间高新技术的飞速发展,对上述的各种地球动力学现象的监测取得了很大的进展。如国际无线电干涉测量(International Radio Interferometric Surveying, IRIS)估计地球自转参数对于极移和章动角,其内部精度达 1 mas(毫弧秒),对于 UT_1 是 0.05 ms;与单独的 VLBI 和 SLR 测定相比较,IRIS 结果对于极位置和 UT_1 不低于 2 mas 和 0.1 ms;对于全球性和局部性的由于潮汐引起的测站的运动,已能估计在厘米范围以内。由于板块运动的假说在 20 世纪 60 年代末被大多数人普遍承认,全球性板块运动的直接测量进行了多年,从目前技术发展水平来说,板块运动和地壳形变已经能够被模拟;随着空间大地测量精度的提高,相对论影响将广泛地用于 SLR、LLR 和 VLBI 等测量中。

综上所述,我们有条件和可能来模拟由于固体潮和海潮、板块运动和地壳形变等影响而产生的站址变动。这对未来的大地参考系 CTS 的设想是很重要的。

对未来的 CTS 设想的定义类似于 CIO-BIH 系统,也就是新 CTS 应当与位于地球表面上的观测台站相联结。概念上的主要区别在于各台站间不再假定是相对固定不动的;这些台站必须装备有先进的测地仪器,如 SLR 和 VLBI 等,这些技术不再涉及地方铅垂线。CTS 的原点位于地球质量中心上,为监视原点相对于台站的运动,可由 SLR 和 LLR 观测,也可通过更灵敏的全球连续重力观测,而定向和尺度将由 VLBI 确立。对于新的 CTS,有如下的观测方程式:

$$[\overline{OBS}]_j=\bar{L}_j+[CTS]_j+\bar{V}_j=\overline{L'}_j+[S][N][P][M][CIS]_j+\bar{V}_j \tag{3.55}$$

式中:$[\overline{OBS}]_j$ 为观测的天文台站的坐标。

$\bar{L}_j$ 是天文台 j 在形变地球上相对于 CTS 的位移矢量。

$[CTS]$ 是由适当的模型计算的。

$[N]$、$[P]$ 是使用新的 1976 IAU 的常数和 1979 IAU 章动序列的章动矩阵和岁差矩阵。

$[S]$ 是 CTS 和计算了章动的两轴之间的旋转矩阵。

$[S]$ 的变化可由将来的国际服务(如BIH)来确定。由于上述的方法或其某种变形仅提供 $[S]$ 和平移方面的变化,新的 CTS 需要在提供连续性方面给予初始条件,以保证其连续性,这可以通过 CIO 或 BIH 极点和选定起始历元的 BIH 零子午线来实现。

考虑到目前已经采用了几种较好的大地坐标系统,每个系统都定义了它们自己的 CTS 和 CIS 参考骨架,为了把这些网合拼成一个公共网,需要将一些测站组合起来,即在几个公共站上维持不同类型仪器的观测。这些台站应合理地分布在地球表面上,且构成的多面体在几何上是最优的。此外,台站的配置不仅要有足够的数量(18~24 个台站),而且台站应位于板块相对稳定的地带中,其中在世界 6 个主要板块上都要设有台站,以获得所需的统计强度。其观测方程可写为如下形式:

$$[OBS]_j = X_j + \Delta X_0 + R_1(\varepsilon_X)R_2(\varepsilon_Y)R_3(\varepsilon_Z)X_j + mX_i \tag{3.56}$$

式中:X_j 是根据所固有的观测技术,如 SLR、VLBI 等,地面框架中测得的值。

其他几项为七参数变换模型中的平移参数(ΔX_0)、三个旋转参数($\varepsilon_X,\varepsilon_Y,\varepsilon_Z$)和一个尺度变化参数($m$)。

用式(3.56)可将各不同系统的观测值换算到同一个所需的参考系中。

目前,IAU 和 IUGG 等国际组织,正在为推荐建立这样一个系统或一个很类似的协议地固系统 CTS 而尽力,他们帮助这些台站并制订进行服务的必要计划,确定 CTS 和 CIS 之间总的转换模型,公布 **S** 矩阵、L' 和 NP 方面的模型与参数,即确定这个完整系统的参数。

第 4 章　时间系统

4.1　概论

宇宙是物质的、运动的。人类和自然界中的万物都在一定的空间和时间中生存、发展和消亡。空间和时间是物质存在的基本形式。

时间具有永远向前均匀流逝的特性,表示物质运动的连续性和顺序性。人类对时间的认知是不断发展的。牛顿认为,时间是与外界事物无关的客观存在的均匀向前流逝的一维直线。它既不重叠,也不改变形式。爱因斯坦认为,时间是与所处空间条件相关的,会因相对论效应而发生变化。现代时间观还将随着科学的进步而更趋完善。

时间是基本物理量之一。它是许多数学和物理公式中的基本单位。时间在人类生活中的各个方面有着广泛的应用。人们进行科学研究、生产活动以及在日常生活中,一刻也离不开时间。在高科技领域,诸如宇航,卫星跟踪,导弹制导,通信,基本粒子研究,空中、海上和陆上的精密导航,工业自动控制,不同性质数据的同步采集,现代大地测量高精度四维位置的确定,激光测月,甚长基线干涉测量等,都需要精密的时间或时间测量。例如,要使电视屏幕能产生图像,每条扫描线必须以 0.06 ms 的时间进行扫描;飞往火星的探测器,如果时间计量产生 1 ms 的误差,则探测器将偏离轨道 15 km;在数字通信中,要求时间的精度为 10 μs;射电天文要求时间精度为 1 ns;高精度大地测量要求时间精度为 0.1 ns;由于某些基本粒子的寿命仅约 10^{-23} s,研究这种基本粒子需要高准确度的时间测量。因此,近半个世纪以来,随着现代科学技术的飞速发展,时间或时间测量的精度提高很快,至今,时间测量的准确度已达到 0.01 μs,甚至更高。

时间,实际上包含着既有差别又有联系的两种概念:时间间隔和时刻。时间间隔指的是客观事物运动处于两个不同(瞬间)状态之间所经历的时间历程。它描述事物运动在时间上的持续状况。而时刻指的是客观事物处于某一种状态的瞬间。它是一种特殊的(与某个约定起点之间的)时间间隔。通常所说的时间测量包括时刻测量和时间间隔测量两方面的含义。

时间测量如同其他任何物理量的测量一样,需要有一个标准的公共尺度,称为时间测量基准,简称时间基准(Time Reference)。尽管时间是客观存在的,但人们度量时间的尺度或基准却是人为的。理想的时间基准应是客观存在、永远匀速向前流逝、刻度均匀、方便度量或表述物质运动连续性和顺序性的公共尺度。从古至今,人类在生存和生产实践中,采取各种方式建立时间基准,从原始的燃香和沙漏到现代的原子计时基准,科学技术的进步使得现代时间测量基准更具理想时间尺度的特性。通常,时间基准的建立都是通过选定某种具有连续周期的物质运动来实现的。这种物质运动必须满足:

(1) 其连续运动的周期具有足够的稳定性。

(2) 其连续运动的周期具有复现性,即通过观测可予复现。

自然界中具有上述特性的物质运动,如地球的自转运动、地球绕太阳的公转运动、带游丝摆轮的摆动、石英晶体的振荡运动、原子的谐波振荡运动等都可以用来建立具有不同精度的时间测量基准。迄今为人们所公认的作为建立时间测量基准的周期运动有三种:

(1) 转动体的自由转动。主要是地球的自转运动。它是建立世界时时间基准的基础,世界时的稳定度约为 1×10^{-8}(UT_2)。

(2) 开普勒运动。如行星绕太阳的运动。它是建立力学时时间基准的基础。

(3) 谐波振荡运动。如电子、原子的谐波振荡等。它是建立原子时时间基准的基础。原子时的稳定度约为 1×10^{-13}(UT_2)。目前,原子时是稳定性和复现性均最佳的时间计量系统。

时间的基本单位是国际单位制(SI) 秒。无论建立何种时间基准,其目的都是获得一个高稳定度的时间 尺度——秒。国际上统一采用国际原子时(Temps Atomique International,TAI)秒长作为时间测量的基准。大于1 s,如 min、h、d 等,以及小于1 s,如 ms(千分之一秒)、μs(百万分之一秒) 等的时间长度,都是由秒这个基本单位给出的。

许多国家都设有专门的机构来测定、获得并保持某种时间基准,并通过一定的方式将代表某种时间基准的时间信息(标准时间) 以及有关参数发送出去供用户使用,这些工作称为时间服务。例如国际时间局(BIH)、美国海军天文台(United States Naval Observatory,USNO)、中国科学院国家授时中心(National Time Service Center, Chinese Academy of Sciences,NTSC)等都开展时间服务工作。

通常用时钟来保持某种时间基准和计量时刻或时间间隔。时钟是把频标的振荡周期累积起来,并以便于读出的形式给出时刻或时间间隔的装置。在同一瞬间,不同时钟给出的钟面时往往不同,即存在时刻差。以某种方式将钟面时与代表某种时间基准的时间参考信号进行比对以确定时刻差,称为时间比对。采用不同的时间比对设备和方法,具有不同的时间同步精度。本章主要论述世界时、力学时和原子时时间基准建立的原理和方法以及高精度时间比对方法。

4.2 时间基准与时间系统

时间基准就是在当代被人们确认为最精确的时间尺度,人们一直在寻求着这样的时间尺度。而时间系统规定了时间测量的参考标准,包括时刻的参考标准和时间间隔的尺度标准。时间系统也称为时间基准或时间标准。时间系统框架是在某一区域或全球范围内,通过守时、授时和时间频率测量技术,实现和维持统一的时间系统。

4.2.1 时间测量方程

任何一种物质运动都可以表示为时间的函数,即

$$u = f(t)$$

或者取

$$u = a + bt + \varphi(t) \tag{4.1}$$

式中:$\varphi(t)$ 为运动变化的非线性部分。通常,$\varphi(t)$ 可以由确定的形式给出,或在一定条件下可以忽略。

式(4.1) 称为时间测量方程。假设 $\varphi(t) = 0$,于是有

$$u = a + bt \tag{4.2}$$

当 $t = 0$ 时,即在运动过程的起始时刻,$u = a$,它说明常数 a 表征运动的起始状态,或者说 a 确定了运动过程的起始点。将式(4.2) 进行微分可得

$$\frac{\mathrm{d}u}{\mathrm{d}t} = b \tag{4.3}$$

当 $\mathrm{d}t = 1$ 时,即在单位时间内,$\mathrm{d}u = b$,它说明 b 表征单位时间内运动的变化。而一旦由观测确定了 b,也就能获得相应的时间间隔——单位时间。只要 b 能够连续重复观测,且具有足够的稳定性,那么就能够以其相应的时间间隔作为时间单位来建立某种时间测量基准。以地球自转为例,设地球自转角速度为 ω,它可以用单位时间内地球自转角位移量表示,即

$$\omega = \frac{\mathrm{d}\theta}{dt}$$

对上式进行积分有

$$\theta = \theta_0 + \omega t \tag{4.4}$$

显然,假设地球自转一周的角位移量(比如为360°)精密可测且足够稳定,那么,其相应的时间间隔(单位时间)便可作为某种时间测量基准(或尺度),从而依据式(4.4)便可进行任意时刻的时间测量。世界时时间基准正是这样建立起来的。

4.2.2　世界时(UT)系统

人类建立的第一个现代时间测量基准是以地球自转运动为基础的世界时(Universal Time,UT),通常用 UT 表示。它以地球自转周期来建立其时间基准。由于选择作为观测地球自转运动参考点的不同,世界时系统包括恒星时和平太阳时。

(1)恒星时和平太阳时

恒星时选择春分点为参考点,以春分点周日视运动连续两次通过地方上子午圈的时间间隔定义为一个恒星日,对其均匀分割从而获得恒星小时、恒星时分和恒星时秒。

根据第 3 章关于地球自转的描述,由于岁差和章动的影响,地球自转轴的指向在空间中是变化的,从而导致春分点的位置发生变化,相应于某一时刻瞬时极的春分点称为真春分点,相应于平极的春分点称为平春分点,据此把恒星时分为真恒星时和平恒星时。真恒星时等于真春分点的地方时角(Local Apparent Sidereal Time,LAST),平恒星时等于平春分点的地方时角(Local Mean Sidereal Time,LMST)。真春分点的格林尼治时角(Greenwich Apparent Sidereal Time, GAST)、平春分点的格林尼治时角(Greenwich Mean Sidereal Time, GMST)与 LAST、LMST 的关系为(如图 4.1 所示)

$$LAST - LMST = GAST - GMST = \Delta\psi\cos\varepsilon \tag{4.5}$$

$$\begin{aligned} GMST = {} & 1.002\,737\,909\,3^{s} \times UT_1 + 24\,110.548\,41^{s} + 8\,640\,184.812\,866^{s}T \\ & + 0.093\,104^{s}T^2 - 6.2 \times 10^{-6}T^3 \end{aligned}$$

$$GMST - LMST = GAST - LAST = \lambda \tag{4.6}$$

其中,$\Delta\psi$ 为黄经章动,ε 为黄赤交角,T 为 J2000.0 至计算历元的儒略世纪数。

平太阳时选择某个在赤道上具有太阳周年视运动平均速度的假想点——平太阳为参考点,以平太阳周日视运动连续两次通过地方上子午圈的时间间隔定义为一个平太阳日,对其均匀分割从而获得平太阳时、平太阳时分和平太阳时秒。

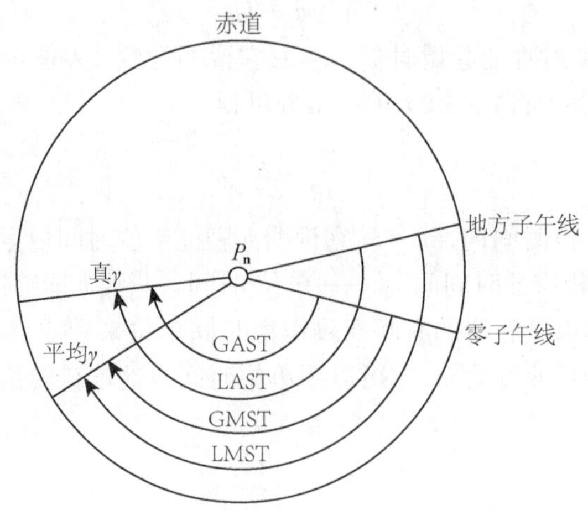

图 4.1　GAST、GMST 与 LAST、LMST 的关系

平太阳在天球赤道上不仅具有反映地球自转的周日视运动,同时还具有反映地球公转的周年视运动(逆向),因此,尽管春分点和平太阳相对于同一地方子午圈完成一个周日视运动(分别为一个恒星日和一个平太阳日),但所表示的时间长度并不相等,也就是说恒星时和平太阳时的时间单位是不同的。若用恒星时和平太阳时去量度同一时间间隔,将会得到不同的数值。

地方恒星时在数值上等于春分点相对于地方子午圈的时角。地方恒星时用小写 s 表示。地方平太阳时在数值上等于平太阳相对于地方子午圈的时角。习惯上将全球经度 0° 处的子午圈(本初子午圈)称为格林尼治子午圈。格林尼治子午圈的恒星时称为格林尼治恒星时,用大写 S 表示。而以平子夜作为零时的格林尼治平太阳时亦称为世界时,通常用 T_0 表示。

实际上,由于受岁差、章动的影响,春分点在天球上并不是固定不变的,我们把受这种影响的任意瞬间的春分点称为真春分点。真春分点的时角用 θ_r 表示,其在天球上的变化可由下式表示:

$$\frac{\mathrm{d}\theta_r}{\mathrm{d}t} = \omega + \frac{d}{\mathrm{d}t}(m) + \cos\varepsilon \frac{d}{\mathrm{d}t}(\Delta\psi) \tag{4.7}$$

式中:ω 为地球自转角速度;

m 是赤经总岁差;

$\Delta\psi$ 是赤经章动。

将上式积分便可得真春分点在历元 t 的时角为:

$$\theta_r = c + (\omega + m_1)t + m_2 t^2 + \cos\varepsilon\Delta\psi \tag{4.8}$$

如果不考虑章动项,这样得到的春分点称为平春分点。于是,平春分点的时角表示为

$$\theta_r^m = c + (\omega + m_1)t + m_2 t^2 \tag{4.9}$$

上式显然与式(4.1)意义相同。由于春分点有真春分点和平春分点,所以恒星时亦相应有真恒星时和平恒星时。

设 $\theta_{r_G}^m$ 和 $\theta_{\odot_G}^m$ 分别为格林尼治平春分点时角和平太阳时角,则根据定义有

$$S = \theta_{r_G}^m$$

$$T_0 = \theta_{\odot_G}^m + 12\ \mathrm{h}$$

于是 $$S - T_0 = \theta_{r_G}^m - \theta_{\odot_G}^m - 12\ \mathrm{h}$$

考虑到 $$S = \alpha_r^m + \theta_{r_G}^m,\ \alpha_r^m = 0$$

$$S = \alpha_\odot^m + \theta_{\odot_G}^m$$

式中：$\alpha_\odot^m$ 为平太阳赤经。

故有： $$S = T_0 + \alpha_\odot^m - 12\ \mathrm{h}$$

$T_0 = 0$ 时的格林尼治恒星时称为世界时 0 时的格林尼治平恒星时，用 S_0 表示。于是

$$S_0 = \alpha_\odot^m - 12\ \mathrm{h}$$

若采用 IAU1976 年天文常数系统、1980 年章动理论和 FK_5 星表系统，则 S_0 的表达式为

$$S_0 = 6\ \mathrm{h}\ 41\ \mathrm{m}\ 50.548\ 41\ \mathrm{s} + 8\ 640\ 184.812\ 866\ \mathrm{s}T + 0.093\ 104\ \mathrm{s}T^2 - 6.2 \times 10^{-6}\ \mathrm{s}T^3 \tag{4.10}$$

式中：T 为自 J2000.0 起算的儒略世纪数。

地方恒星时和世界时之间的转换关系为

$$T_0 = (s - \lambda - S_0)(1 - \upsilon) \tag{4.11}$$

式中：$\upsilon = 0.002\ 830\ 433\ 586$。

根据式（4.11），只要通过观测求得地方恒星时 s，便可得到世界时。

(2) 世界时的不均匀性

世界时是建立在地球自转运动基础上的。天文学家早就发现地球自转速率的不均匀性以及地极移动现象，这使得依赖于地方子午圈进行天文观测所确定的世界时存在不均匀性。

① 地球自转速率不均匀对世界时的影响

尽管地球自转速率不均匀的现象被发现得很早，但由于其复杂性，目前人们对其了解尚未十分充分。地球自转速率不均匀性主要包括三个方面：

a.长期减慢

据认为，这主要是潮汐摩擦力所致。另外，海平面和冰川的变化，大气潮，以及地幔和地核间角动量的转换等，也可能引起地球自转速度的长期变化。这种长期减慢趋势在一个世纪内大约使日长增 大 1~2 ms。

b.周期性变化

其周期有 2 年、周年、半年、月以及半月等，其中周年周期和半年周期是主要的。周年周期变化的振幅 约为 20~25 ms，主要由风的季节性变化引起；半年周期变化的振幅约为 9 ms，主要由太阳潮汐引起。周年和半年两种周期变化合起来称为季节性变化。由于季节性变化的振幅和相位稳定且几乎以固定形式重复出现，并能从石英钟的周期性误差中分离出来，所以，季节性变化能够对世界时测定结果加以修正。季节性变化改正的公式为

$$\Delta T_s = a\sin 2\pi t + b\cos 2\pi t + c\sin 4\pi t + d\cos 4\pi t \tag{4.12}$$

式中：a、b、c、d 为经验系数，通过实测的 UT_0 与精密原子钟确定的原子时之差来确定；

t 是贝塞尔岁首的回归年的小数部分。

c.不规则变化

地球自转速度存在着时快时慢的不规则变化，这种不规则变化大致的反映有三种：几十年或更长一段时间内约 $\pm 5 \times 10^{-10}$/年的相对变化；几年到 10 年期间内约 $\pm 8 \times 10^{-9}$/年的相对变化；几个星期到几个月期间内约 $\pm 5 \times 10^{-8}$/年的相对变化。产生这些不规则变化的原因尚

需深入研究。

② 极移对世界时的影响

地球自转轴相对于地球本体的摆动,使不同瞬间的地极(地球自转轴与地表面的交点)在地表面的位置发生变化的现象称为地极移动,简称为极移。极移使依赖于极(P)定义的地方子午圈在不同瞬间有不同的位置,这就使测站的经度、纬度和某一方向的方位角都发生变化。当然,经度变化即是地方时(世界时)的变化,可对世界时进行改正。

为了修正极移和地球自转速率变化对世界时的影响,从 1956 年起,国际上决定在由天文方法直接测得的世界时 UT_0 中加上极移改正项 $\Delta\lambda$ 和地球自转速率变化的季节性改正项 ΔT_s。这样就有了世界时 UT_1 和 UT_2。它们之间的关系为

$$UT_1 = UT_0 + \Delta\lambda \tag{4.13}$$

$$UT_2 = UT_1 + \Delta T_s = UT_0 + \Delta\lambda + \Delta T_s \tag{4.14}$$

尽管 UT_2 较 UT_0 更具均匀性,但毕竟地球自转速率的长期变化和不规则变化依然存在,使世界时的稳定性仅能达到约 1×10^{-8}/年,使其在许多高科技领域中的应用受到局限。

当然,精确的世界时仍然是地球自转的基本参数之一,对研究地球自转理论、地球内部结构、板块运动以及地、月、日起源演化等仍具有相当重要的作用。

③ 真恒星时和平恒星时

讨论了岁差、章动后,就有了平春分点和真春分点的概念,而恒星时是与春分点密切相关的。任意时刻的地方恒星时在数值上均等于该时刻春分点的时角。因此,恒星时相应于真春分点和平春分点,也就有了真恒星时与平恒星时之分。

由于章动的影响,平春分点沿着黄道和赤道位移的速度在几百年内才略有一些变化,可认为它是均匀移动的。若将地球自转速度看成是均匀的,则平春分点的时角与时间成比例地变化。因此,平恒星时的数值等于平春分点的时角。

在图 3.14 中,过 γ_0 作一大圆弧交真赤道于 D',则自真春分点 γ 逆向沿着真赤道量至平春分点的赤经 $\gamma D'$ 叫作赤经章动。因黄经章动 $\Delta\psi$ 不超过 20″,故可将球面直角三角形 $\gamma_0\gamma D'$ 看作平面直角三角形,则赤经章动为

$$\gamma D' = \Delta\psi \cdot \cos\varepsilon \tag{4.15}$$

赤经章动即为黄经章动在赤道上的分量,而真恒星时是真春分点的时角。因此,某一瞬间某地的平恒星时加上赤经章动改正就得到该瞬间的地方真恒星时。在将平时换算成恒星时的时候,采用的换算公式为:

$$S = S_0 + T_0 + T_0\mu$$

式中:S_0 为世界时 0 时的真恒星时。

在精密计算恒星时中,应顾及由 0 时至 T_0 这一时间段内的赤经章动变化 $\Delta\alpha$。上述换算公式应为

$$S_{真} = S_0 + T_0 + T_0\mu + \Delta\alpha \tag{4.16}$$

$\Delta\alpha$ 可由天文年历世界时和恒星时表查算而得。赤经章动也有长周期项和短周期项,长周期项变化为 ±1.2 s,短周期项变化为 ±0.02 s。赤经章动的变化是不均匀的,因此,真恒星时只能用来确定时刻,而不能用来计量时间段。

4.2.3　力学时系统

由天体力学定律确定,天体运动方程式中的时间,或者天体历表中作为自变量的时间,称为力学时。

(1) 历书时(ET)

历书时(Ephemeris Time,ET) 是以地球公转运动为基础而建立的一种时间测量基准。它以纽康给出的反映地球绕太阳公转的太阳运行历表作为定义历书时的基础。

纽康太阳历表给出的太阳平黄经的表达式为

$$L = 279°41'48.04'' + 129\ 602\ 768.13''T + 2.178''T^2 \tag{4.17}$$

式中:T 为从 1900 年 1 月 0.5 日即格林尼治平正午起算的儒略世纪数。

将式(4.17) 对时间求导,得

$$\frac{\mathrm{d}L}{\mathrm{d}T} = 129\ 602\ 768.13'' + 2.178''T$$

于是有

$$\mathrm{d}T = \frac{\mathrm{d}L}{(129\ 602\ 768.13'' + 2.178''T)}$$

当太阳平黄经每增加 360°,即一个回归年内所含有的平太阳时,秒数应为

$$N = \frac{360 \times 60 \times 60'' \times 36\ 525 \times 86\ 400}{129\ 602\ 768.13'' + 2.178''T}$$

对于 1900 年,$T = 0$,回归年长度应为

$$N = 31\ 556\ 925.9747\ \mathrm{s}$$

历书时秒长定义为 1900 年 1 月 0.5 日回归年长度的 1/31 556 925.9747。可见,这样定义的历书时秒长实际上是理想化了的平太阳时秒长,当然没有考虑地球自转运动不均匀性的影响。

历书时的起算时刻取 1900 年 1 月 0.5 日(格林尼治正午),这就保证了历书时与世界时的衔接。历书时与世界时有如下关系

$$ET = UT_2 + \Delta T$$

其中:

$$\Delta T = 24.349 + 72.318T + 29.950T^2 + 1.821\ 44B \tag{4.18}$$

式中:T 为从 1900 年 1 月 0 日 12 时 UT 起算的儒略世纪数。

B 为月亮黄经不规则起伏。这种不规则起伏正是由地球自转速率的不规则变化所引起的。

测定历书时实际上是观测月亮,通过比较同一瞬间月亮的实测位置与历表位置之差而获得 ΔT。尽管测月的技术不断提高,月历表不断完善,但测月存在不可避免的误差,历书时只能达到约10^{-10} 量级的均匀性。而且 ΔT 的实时性较差,影响了历书时的广泛使用。1976 年国际天文学联合会决议决定,从 1984 年起采用地球力学时和太阳质心力学时取代历书时。

(2) 地球力学时(Terrestrial Dynamical Time,TDT)

地球力学时是天体地心视位置历表的时间引数,或者说是天体相对于地心的运动方程中

的独立变量。在我国天文年历中有关太阳、月亮、行星和恒星的地心视位置都是以地球力学时为时间引数的。地球力学时在广义相对论中为地心坐标时。它的基本单位是国际单位制(SI)秒,即原子时秒。IAU决议规定:1977年1月1日0:00:00IAT瞬间对应的地球力学时准确地等于1977年1月1日0:00:32.184TDT,即

$$TDT = TAI + 32.184\ \mathrm{s} \tag{4.19}$$

这个定义确定了地球力学时TDT的起始历元。TDT与TAI时刻的补偿值32.184正好为原子时试用期间历书时ET与原子时(International Atomic Time,IAT)之差的估值。同时,国际单位制(Le Système International d'Unités,SI)秒的秒长又是用历书时秒长度量铯原子频率的结果。所以,地球力学时能与过去使用的历书时衔接。这样,只要把旧历表中的引数历书时改为地球力学时,便可继续使用。地球力学时是以地面上的原子钟(IAT)来实现的。根据地球力学时的定义,地球力学时与世界时的关系为

$$\Delta T = TDT - UT_1 = 32.184 + TAI - UT_1 \tag{4.20}$$

在我国天文年历中载有ΔT值表供查用。

(3) 太阳系质心力学时(TDB)

太阳系质心力学时(Barycentric Dynamical Time,TDB)是天体相对于太阳系质心运动方程中的独立变量,在广义相对论中为太阳系质心坐标时。

根据广义相对论原理,太阳系质心力学时与地球力学时之间有如下关系:

$$\begin{aligned}\mathrm{TDB} = {} & \mathrm{TDT} + 1.658s \times 10^{-3}(M + 0.0167\sin M) \\ & + 2.073s \times 10^{-5}\sin L - 2.03s \times 10^{-6}\cos\varphi[\sin(UTC - \lambda) - \sin\lambda]\end{aligned} \tag{4.21}$$

式中:M为太阳的平近点角,$M = (357.528 + 35\,999.050T) \times 2\pi/360$;

L为太阳黄经与木星黄经之差,$L = L_{\odot} - L_{木} = (323.870 + 32\,946.472T) \times 2\pi/360$;

λ、φ为钟所在地的地理经、纬度;

UTC为协调世界时;

T为自1900年1月0日格林尼治平正午起算的儒略世纪数。

上述关系式表明,TDB与TDT之间的差仅具周期性而不存在长期项。

4.2.4 原子时(AT)系统

由原子钟导出的时间称为原子时(Atomic Time,AT)。它是以原子超精细结构能级跃迁辐射的电磁波周期为基准的时间。

原子内部结构通常由一个原子核和若干个绕着核运动的电子组成。原子核和电子以及电子之间的相互作用状态决定原子能量的大小。相互作用状态不同,原子能量也不同。根据量子力学,可对应于某些特定的相互作用或运动状态,把这些能量特定值按高低次序排列起来,构成原子的能级图。其中,电子运动能量最低的状态叫作原子基态,相应的能级称为基态能级,其余能级称为激发态能级。当原子因某种因素改变其内部相互作用时,它就从一个能级"跳"到另一能级上去,同时辐射或吸收一份确定的能量。这个过程称为原子跃迁。跃迁时原子辐射或吸收的能量以一定频率的电磁波形式表现出来。该频率与原子跃迁前后两个能级间的能量差的关系可由下式表示:

$$f_s = \frac{W_p - W_q}{h}$$

式中:h 为普朗克常数;

W_p 为能级 p 上的能量;

W_q 为能级 q 上的能量。

对于没有受到干扰的原子来说,能量 W_p 和 W_q 是很稳定的,可认为是常数,因此,电磁波频率也是稳定的。这就为建立新的时间测量基准提供了一个具有更高稳定性和复现性的运动现象。根据谐振频率与谐振相位的关系,有

$$\varphi = \varphi_0 + 2\pi f_s t \tag{4.22}$$

该式与时间测量方程式(4.2)具有相同的意义。这种建立在物质量子跃迁所辐射或吸收的电磁波频率基础上的时间基准,使时间测量基准由传统的天文学宏观领域进入物理学的微观领域。1955 年,美国皇家物理实验室研制出了世界上第一台铯原子频率标准——原子钟。

(1) 原子时秒长

原子时秒长是根据 f_s 的数值来确定的,而 f_s 的数值是以历书时秒长度量铯原子钟频率的结果。根据1954 年至1958 年期间的实测数据得到,每一历书的秒长包含铯束谐振频率的平均值为9 192 631 770 Hz。这就是说,铯束频标的9 192 631 770 周持续的时间正好为一个历书时秒。1967 年 10 月,第 13 届国际度量衡会议通过了新秒长的决议。原子时秒的定义为:位于海平面上的铯 133 原子基态两个超精细能级间在零磁场中跃迁辐射振荡 9 192 631 700 周所持续的时间为一个原子时秒,此即国标单位制(SI) 秒。

为了使新的原子时时间基准在启用时能与世界时相衔接,国际时间局(BIH) 在20 世纪 60 年代初建立原子时基准时,将原子时的起算历元选定在 1958 年 1 月 1 日 0 点 UT_2 瞬间,即规定在这一瞬间原子时与世界时重合。但事后发现,在该瞬间两者尚相差 0.0039 s,即

$$UT_2 - AT = +0.0039 \tag{4.23}$$

这一差值作为历史事实而被保留下来。后来国际计量委员会正式规定了这一原子时起点。

将上述定义的铯束原子频标输出的标准频率,经过适当分频之后,带动一个时钟的钟面,给出一种由铯原子频标所确定的时间,这个钟就称为铯原子钟。它所给出的时间单位就是原子时秒。较长时间间隔的测量,就由原子时秒的连续累加而得到。目前,应用最广泛的是铯原子钟。此外,还有氢原子钟和铷原子钟。

(2) 国际原子时(TAI)

每一台原子钟都可以提供原子时。通常把各国实验室中大型标准铯原子钟导出的原子时称为地方原子时。不同的原子钟受各自频标性能的影响和相对论效应的影响,提供的原子时必然存在着差异。为建立一个国际上统一的原子时时间基准,BIH 于 1977 年建立了国际原子时(TAI)。

国际原子时是由美、欧、澳等国家的约 100 台原子钟(基本上为同一厂家生产的) 通过高精度时间比对,赋予不同的权,按统一算法导出 IAT。目前由 BIH 保持的 TAI 的中长期稳定度约为10^{-13} 量级。

设历书时与世界时以及世界时与原子时有如下关系:

$$\begin{cases} ET = UT_2 + \Delta T \\ UT_2 = TAI + \Delta A \end{cases} \tag{4.24}$$

则有
$$ET_2 - TAI = \Delta T + \Delta A \tag{4.25}$$

在1977年1月1日0:00:00取为TAI的起算点时，此差值正好为32.184 s，并认为它保持不变，即
$$ET = TAI + 32.184 \tag{4.26}$$
此式亦为采用地球力学时的式(4.19)。

(3)协调世界时(UTC)

协调世界时UTC并不是一个独立的时间测量基准，它是以原子时秒长为时间间隔，而时刻尽量与世界时时刻相一致的一种时间。稳定性和复现性均最佳的原子时无疑能满足需要高精度时间间隔测量的一些应用部门的要求。但天文导航、星际航行、大地测量等应用部门却更需要建立在地球自转基础上的准确的世界时时刻。那么，时间服务工作如何能同时满足这两方面的要求呢？于是，在20世纪60年代初，由国际无线电科学协会和国际天文学联合会提出了协调世界时(UTC)。

协调世界时的秒长严格等于原子时秒长。协调世界时的时刻与世界时UT的时刻之差保持在±0.9 s之内。否则，根据实际情况采用阶跃(增加1 s或去掉1 s)的方法进行时刻调整。阶跃1 s称为闰秒；增加1 s称为正闰秒；去掉1 s称为负闰秒。阶跃的具体日期由国际时间局在2个月之前通知各国有关的时间服务工作机构。目前，几乎所有国家的时间服务工作机构所发播的标准时间信号，都是以协调世界时UTC为基础。

(4)GPS时间

GPS全球定位系统因其具有全天候、全球覆盖、高精度的特点，已在各个领域获得广泛应用。GPS系统由地面主控站和监控站以及24颗卫星所组成。主控站和监测站都配有原子钟，每个卫星上还安设2台铷原子钟或2台铯原子钟(启用1台，备用1台)，这样就组成了一个地空原子钟群(组)。由主控站以一组原子钟为标准建一个独立的时间系统，亦称之为GPS时间系统或GPS时，它由主控站的原子钟保持。GPS时的起点规定为1980年1月6日UTC的0时。1986年1月6日0时，GPS时与UTC进行比对，没有跳秒增速。所以，二者之间有整秒差。GPS卫星广播的时间信号是与主控站的原子钟即GPS时间保持同步的，而主控站的原子钟又与BIH的TAI或USNO(美国海军天文台)的UTC保持同步。GPS时间与TAI在任何瞬间都有19 s的常量偏差。GPS时与UTC的关系及其常数差可以从导航电文第4子帧中获得。

近半个世纪以来，科学技术的发展对时间测量的精度要求越来越高，随之而建立了相应的时间基准或时间系统，但几乎没有哪一种系统可以同时满足所有用户的需要。它们各具自身的优点和应用范围。例如，世界时的不均匀性虽然限制了它的应用范围，但它仍然是地球自转的基本数据之一，可以为地球自转理论、地球内部结构、板块运动、地震预报以及地球、地月系、太阳系的起源和演化等有关学科的研究提供必要的基本资料。而原子时基准，包括GPS时间系统则是高科技所需要的，特别是在导弹火箭发射、制导、精密卫星导航定位、数字通信、现代大地测量新技术、航天等领域，要求时间精度为μs量级甚至mμs量级，这只有高精度的时间基准，如TAI或GPS时间才能满足。可以预料，随着科学技术的进步，还将产生新的时间基准(比如更高精度的激光时间基准、脉冲星时间基准等)来满足高新技术对时间测量精度的更高要求。

(5)北斗时

北斗系统的时间基准为北斗时(BDT)。BDT采用国际单位制(SI)秒(s)为基本单位，连

续累计,不闰秒,起始历元为 2006 年 1 月 1 日协调世界时(UTC)00 时 00 分 00 秒。BDT 通过 UTC(中国科学院国家授时中心)与国际 UTC 建立联系,并与国际 UTC 的偏差保持在 50 ns 以内(模 1 s)。BDT 与 UTC 之间的闰秒信息在导航电文中播报。

第 5 章　卫星的运动与轨道

人造地球卫星是指环绕地球飞行，并在空间轨道运行一圈以上的无人航天器，简称人造卫星。人卫轨道理论是研究人造卫星运动规律的一门学科，亦是卫星大地测量的重要理论基础。人造卫星入轨进入自动飞行阶段后，也和自然天体一样在万有引力及其他力的作用下遵循牛顿运动定律在轨道上运动。因而同样可以用研究天体运动的一般理论——天体力学来研究其运动规律。但是和自然天体相比，人造卫星的运动又有其特殊性，主要表现为：

（1）人造卫星离地球较近，因而不能像研究行星运动时那样把地球当作一个质点，而必须考虑复杂的地球引力对卫星运动的影响，通常用高阶次的球谐函数来表示。

（2）人造卫星所受到的作用力远比自然天体复杂。除了受到其他天体的万有引力外，还会受到大气阻力、太阳光压力等多种力的作用。这些力中不但有保守力，还有耗散力。

（3）大多数情况下，人造卫星的运动周期较自然天体的运动周期要短得多，因而天体力学中的一些公式，由于公式的收敛性及精度等原因，在研究人造卫星的运动时就不再适用了。

（4）自然天体只存在定轨问题，而人造卫星还存在着轨道设计、卫星回收等问题。

鉴于上述原因，随着空间技术的发展，逐步形成了一门与天体力学既有密切联系又有诸多区别的新兴学科 —— 人卫轨道理论。

5.1　人卫轨道及轨道理论的分类

对于在我们所研究的系统中的每一个作用力 $\vec{F}_i$，都可以根据牛顿第二运动定律列出一个二阶微分方程：

$$\vec{F}_i = m_j \frac{\mathrm{d}^2\vec{r}_j}{\mathrm{d}t^2} \begin{matrix}(i = 1,2,\cdots,n_1)\\(j = 1,2,\cdots,n_2)\end{matrix}$$

式中：n_1 为整个系统中作用力的个数；

n_2 为系统中的天体个数。

但遗憾的是，到目前为止除了最简单的二体问题，其他微分方程组皆无法从数学上对其严格求解。因而，我们也不得不沿用天体力学中所惯用的方法将人造卫星的轨道运动人为地分成两个部分分别进行处理。在介绍人卫轨道的分类和人卫轨道理论的分类方法之前，让我们首先来看一下作用在卫星上的外力。

5.1.1　作用在卫星上的外力

从表 5.1 可以看出，作用在卫星上的力很复杂，除了地球的万有引力外，还有太阳、月球（以及其他天体）的万有引力，大气阻力，太阳的光压力，以及一些其他作用力（如地球的潮汐摄动力及地磁场力等）。而其中的地球万有引力又可分为两个部分：地球引力$_{(1)}$ 和地球引力$_{(2)}$。

划分的方法如下：首先把地球当作一个圆球，该圆球的质量等于地球的总质量，密度呈球状分布(即圆球的密度仅和至地心的距离有关)。为方便起见，我们将这个圆球称为地球正球。从物理大地测量的位理论知，地球正球对球外一点的引力就等于将质量全部集中在球心的一个质点所产生的万有引力：$G\dfrac{Mm}{r^2}$。我们将这部分力定义为地球引力$_{(1)}$。当然地球实际上并不是一个正球，而是在赤道上稍稍隆起、形状十分不规则、质量分布也不均匀的一个扁状的球体。因而真实地球的引力场是十分复杂的，通常需要用一个高阶次的函数才能逼近它。我们将真实地球的万有引力和地球正球的万有引力之差定义为地球引力$_{(2)}$，也称为地球的形状摄动力。显然，地球引力$_{(2)}$是空间位置的函数。

虽然作用在卫星上的力很多，但这些力的大小却相差悬殊。如果把地球引力$_{(1)}$的大小当作 1 的话，那么地球引力$_{(2)}$就是一个大小约为 1×10^{-3} 的微小作用力，而日、月引力，大气阻力，光压力及其他力则都是小于等于10^{-5}级的更微小的作用力。也就是说，作用于卫星的各种外力对卫星运动的影响是大不相同的。其中地球引力$_{(1)}$对卫星的运动起决定性作用，而且在地球引力$_{(1)}$的单独作用下，卫星的运动轨道又是可以精确计算出来的。我们将这种轨道称为人卫正常轨道。而其余各种力则仅仅能使卫星略微偏离正常轨道。我们将这种偏离值称为轨道摄动，把这些小作用力称为摄动力。

表 5.1　作用在卫星上的力及对应轨道理论

作用在卫星上的力		卫星轨道	轨道理论
地球引力$_{(1)}$：地球正球(质点)引力		人卫正常轨道	人卫正常轨道理论(二体问题)
摄动力	地球引力$_{(2)}$：形状摄动力 日、月引力 大气阻力 光压力 其他作用力	轨道摄动	人卫轨道摄动理论
	总和	人卫真实轨道	人卫轨道理论

5.1.2　二体问题

研究两个质点在万有引力作用下的运动规律问题称为二体问题，如果我们把地球当作地球正球体(地球质点)并且暂时不考虑各种摄动力对卫星运动的影响，那么我们就把问题简化为二体问题了。在二体问题中卫星的运动轨道是一个椭圆，该椭圆的大小、形状及其在空间的定向以及卫星在轨道上的位置均可精确算出。我们把二体问题中算得的椭圆轨道称为人造卫星的正常轨道。把确定椭圆轨道的大小、形状与空间的定向以及卫星在轨道上的位置的一整套方法及其有关理论称为人造卫星正常轨道理论。

显然，人卫正常轨道只是真实轨道的一种近似。研究人卫正常轨道的意义在于：

(1) 人卫真实轨道 = 人卫正常轨道 + 轨道摄动，即人卫真实轨道是由人卫正常轨道与轨道摄动共同决定的。因而，人卫正常轨道是研究人卫真实轨道的基础。

(2) 由于地球引力$_{(1)}$对卫星的运动起决定性作用，因而正常轨道是真实轨道的很好的近似。当精度要求不高时,正常轨道可用来替代真实轨道,以进行定性讨论和卫星预报等工作。

5.1.3 轨道摄动

本章中我们将首先讨论人卫正常轨道理论,即二体问题。人卫正常轨道虽然可以精确求解,但它毕竟只是在一系列假设下求得的一条近似轨道,所以我们还必须讨论在地球引力(2)和其他各种摄动力的作用下卫星的实际轨道和正常轨道之间会产生多大的偏离的问题,即解决所谓的轨道摄动问题。我们把解决轨道摄动问题的一整套方法和相应的理论称为人卫轨道摄动理论。在人卫轨道摄动理论中将涉及一系列复杂的数学和力学问题,我们将在 5.10 节中予以简单讨论。

5.2 开普勒行星运动三定律

开普勒是德国著名的天文学家。他接受了哥白尼的思想,认为地球和行星是绕太阳运动的。为了进一步论证哥白尼的日心说,他需要大量行星位置的精确观测资料。开普勒的导师第谷·布拉赫是丹麦伟大的天体测量学家。他在丹麦和布拉格进行了大量的天文观测,积累了丰富的观测资料。第谷·布拉赫逝世后,开普勒获得了这批资料。由于对火星的观测资料数量既多又较为完整,而且从地球上看火星的运动又显得十分复杂,所以开普勒首先选用火星的观测资料来验证哥白尼的假说。但是无论怎样拟合,只要把火星轨道当作圆轨道,就总是存在着8″的残差。开普勒花了8年时间,终于发现火星的轨道是一个椭圆,太阳则位于该椭圆的一个焦点上。著名的开普勒第一定律就是根据这一发现而导出的。在研究过程中开普勒又发现:无论火星位于何处,火星和太阳之间的向径在相同的时间内所扫过的面积是相同的。这就是后来的开普勒第二定律。这两条定律最初都是从火星的观测资料中导出的,刊登在 1609 年开普勒所著的 *The New Astronomy* 中。1618 年,开普勒用大量的观测资料验证后又宣布上述两定律不仅适用于火星,而且适用于其他所有行星以及地球的卫星月球和新发现的木星的四个卫星。一年后在一本名为 *The Harmony of the World* 的书中,开普勒又公布了开普勒第三定律:行星的运动周期的平方和轨道椭圆的半长轴的三次方成正比。

虽然开普勒从大量观测中总结出来的行星运动三定律,揭示了行星的运动规律,但遗憾的是开普勒本人始终未能从理论上加以证明。直至半个多世纪后英国科学家牛顿建立了牛顿运动三定律和万有引力定律,才从力学上对行星运动三定律进行了科学的解释。开普勒和牛顿的杰出工作为现代天体力学的建立奠定了基础。

5.3 二体问题基本运动方程

万有引力定律告诉我们,宇宙中任意两个质点皆相互吸引,吸引力的大小和这两个质点的质量的乘积成正比,与它们之间距离的平方成反比。牛顿第二运动定律则告诉我们:物体受外力作用时所产生的加速度的大小和外力的大小成正比,与该物体的质量成反比,加速度的方向与外力方向相同。由于牛顿运动定律只有在惯性坐标系中才成立,所以在讨论二体问题的基本运动方程时首先需建立惯性坐标系 $O-\xi\eta\zeta$。

5.3.1　基本运动方程建立

如图 5.1 所示，现假设空间有两个质点 A 和 P。 A 点在惯性坐标系中的坐标为$(\xi_A,\eta_A,\zeta_A)^T$，质量为 M。P 点在惯性坐标系中的坐标为$(\xi_P,\eta_P,\zeta_P)^T$，质量为 m。从 A 点到 P 点的矢量为 $\vec{r}$，即：

$$\vec{r}=\begin{pmatrix}\xi_P-\xi_A\\ \eta_P-\eta_A\\ \zeta_P-\zeta_A\end{pmatrix} \tag{5.1}$$

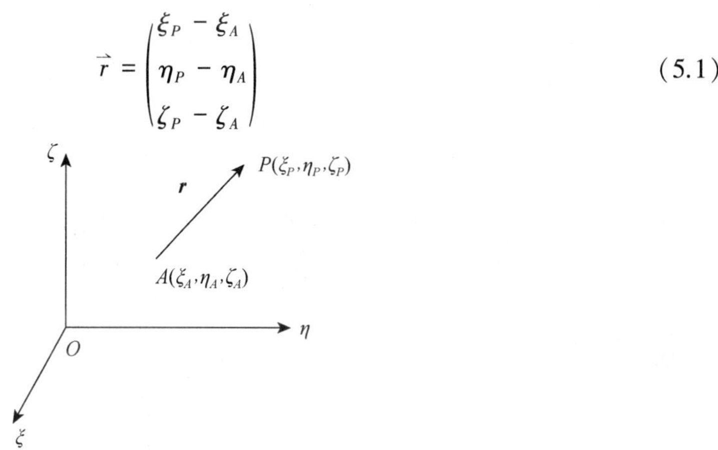

图 5.1　二体问题基本方程导出图

据万有引力定律，P 点受到的万有引力 $\overrightarrow{F}_P$ 为：

$$\overrightarrow{F}_P=-G\frac{Mm}{r^2}\cdot\frac{\vec{r}}{r} \tag{5.2}$$

式中的负号表示万有引力 $\overrightarrow{F}_P$ 的方向和单位矢量$\frac{\vec{r}}{r}$ 的方向相反。从牛顿第二运动定律知，质点 P 在万有引力 $\overrightarrow{F}_P$ 的作用下将产生加速度 $\vec{a}_P$：

$$\vec{a}_P=\frac{\overrightarrow{F}_P}{m} \tag{5.3}$$

将式(5.1)和式(5.2)代入式(5.3)得：

$$\vec{a}_P=-G\frac{M}{r^3}\vec{r}=-G\frac{M}{r^3}\begin{pmatrix}\xi_P-\xi_A\\ \eta_P-\eta_A\\ \zeta_P-\zeta_A\end{pmatrix} \tag{5.4}$$

我们知道，加速度矢量$\vec{a}_P$ 是 P 点的位置矢量 $\vec{r}_P=(\xi_P,\eta_P,\zeta_P)^T$ 对时间 t 的二阶导数，即：

$$\vec{a}_P=\frac{\mathrm{d}^2\vec{r}_P}{\mathrm{d}t^2}=\begin{pmatrix}\dfrac{\mathrm{d}^2\xi_P}{\mathrm{d}t^2}\\ \dfrac{\mathrm{d}^2\eta_P}{\mathrm{d}t^2}\\ \dfrac{\mathrm{d}^2\zeta_P}{\mathrm{d}t^2}\end{pmatrix}=\begin{pmatrix}\ddot{\xi}_P\\ \ddot{\eta}_P\\ \ddot{\zeta}_P\end{pmatrix} \tag{5.5}$$

于是，矢量表达式(5.4)也可用下列标量表达式来表示：

$$\begin{cases}\ddot{\xi}_P = -G\dfrac{M}{r^3}(\xi_P - \xi_A) \\ \ddot{\eta}_P = -G\dfrac{M}{r^3}(\eta_P - \eta_A) \\ \ddot{\zeta}_P = -G\dfrac{M}{r^3}(\zeta_P - \zeta_A)\end{cases} \tag{5.6}$$

在人卫轨道理论中为方便起见,我们总是将变量 X 对时间 t 的一阶导数 $\dfrac{\mathrm{d}X}{\mathrm{d}t}$ 记为 $\dot{X}$,将变量 X 对时间 t 的二阶导数 $\dfrac{\mathrm{d}^2X}{\mathrm{d}t^2}$ 记为 $\ddot{X}$。

同样,质点 A 也要受到质点 P 的吸引力,据牛顿第三运动定律有

$$\vec{F}_A = -\vec{F}_P = G\frac{Mm}{r^3}\vec{r} \tag{5.7}$$

采用同样的方法可导得:

$$\begin{cases}\ddot{\xi}_P = -G\dfrac{M}{r^3}(\xi_P - \xi_A) \\ \ddot{\eta}_P = -G\dfrac{M}{r^3}(\eta_P - \eta_A) \\ \ddot{\zeta}_P = -G\dfrac{M}{r^3}(\zeta_P - \zeta_A)\end{cases} \tag{5.8}$$

如果我们以质点 A 为坐标原点建立一个新的坐标系 $A-XYZ$,并使新坐标系的三个坐标轴分别平行于惯性坐标系的三个坐标轴的话,那么 P 点在新坐标系中的坐标为:

$$\begin{cases}X = \xi_P - \xi_A \\ Y = \eta_P - \eta_A \\ Z = \zeta_P - \zeta_A\end{cases} \tag{5.9}$$

将式(5.9) 两边同时对时间 t 求二阶导数后可得:

$$\begin{cases}\ddot{X} = \ddot{\xi}_P - \ddot{\xi}_A = -G\dfrac{M+m}{r^3}X = -\dfrac{\mu}{r^3}X \\ \ddot{Y} = \ddot{\eta}_P - \ddot{\eta}_A = -G\dfrac{M+m}{r^3}Y = -\dfrac{\mu}{r^3}Y \\ \ddot{Z} = \ddot{\zeta}_P - \ddot{\zeta}_A = -G\dfrac{M+m}{r^3}Z = -\dfrac{\mu}{r^3}Z\end{cases} \tag{5.10}$$

其中:

$$\mu = G(M+m) \tag{5.11}$$

式(5.10) 就是用直角坐标表示的二体问题基本运动方程。从上面的讨论可以看出:

(1) 我们是在一个特殊的坐标系 $A-XYZ$ 中来讨论质点 P 的运动的。该坐标系的原点位于质点 A 上,三个坐标轴则分别与惯性坐标系的三个轴平行。由于质点 A 有加速度 $\vec{a}_A$,所以该坐标系不是一个惯性坐标系。牛顿力学告诉我们,在互相做变速运动的两个参考系中,如果有一个是惯性系,那么另一个就不可能是惯性系。

(2) 从式(5.9) 和式(5.10) 可以看出,由于质点 A 也在运动,所以我们讨论的是质点 P 相对于质点 A 的运动,而不是质点 P 在惯性坐标系中的绝对运动。

(3) 在讨论坐标系原点 A 的加速度 $\vec{a}_A$ 时,我们仅仅顾及了由于质点 P 而产生的万有引力 $\vec{F}_A$ 这一个因素,而未顾及其他因素。

5.3.2　限制性二体问题

如果质点 P 的质量 m 远小于质点 A 的质量 $M(m \ll M)$,以致略去质量 m 后对预定的精度不会产生什么影响(略去 m 后所造成的影响远比观测误差和其他误差所造成的影响要小),这种特殊情况下的二体问题被称为限制性二体问题。

在限制性二体问题中,质点 A 的加速度 $\vec{a}_A$ 可忽略不计而视为零。也就是说 $A-XYZ$ 坐标系实际上可视为惯性坐标系,此时式(5.10) 简化为:

$$
\begin{aligned}
\ddot{X} &= \ddot{\xi}_P = -G\frac{M+m}{r^3}X = -\frac{\mu}{r^3}X \\
\ddot{Y} &= \ddot{\eta}_P = -G\frac{M+m}{r^3}Y = -\frac{\mu}{r^3}Y \\
\ddot{Z} &= \ddot{\zeta}_P = -G\frac{M+m}{r^3}Z = -\frac{\mu}{r^3}Z
\end{aligned}
\tag{5.12}
$$

也就是说,限制性二体问题的基本运动方程的最后表达式是和二体问题的基本运动方程相同的,只是在限制性二体问题中 μ 变为:

$$\mu = GM \tag{5.13}$$

5.3.3　人卫轨道运动的应用

如前所述,如果我们将地球当作一个正球(质点),并暂且不考虑地球的形状摄动和其他的摄动力,那么就把复杂的卫星轨道运动简化为二体问题了,而在地球质点的万有引力作用下卫星的运行轨道(正常轨道)是可以精确计算出来的。然后再运用人卫摄动理论求出在各种摄动力的作用下卫星的轨道摄动量。由于摄动力都是一些微小量,所以在摄动计算中可根据所需的精度进行合理的取舍和近似。例如,用级数展开后取平方项或三次项等。把各种轨道摄动都加到正常轨道上去就可求得真实的卫星轨道了。在这里需要说明的是:

(1) 卫星的质量一般为几百千克至几万千克,而地球的质量则高达 6×10^{24} 千克,也就是说卫星的质量和地球的质量一般要相差20 ~ 22个数量级。因此,由于卫星的万有引力而使地球产生的加速度完全可以忽略不计,讨论人造卫星在地球质点的万有引力作用下的运动规律是一个典型的限制性二体问题。

(2) 试验结果表明坐标原点位于太阳质心,坐标轴指向空间固定方向的日心坐标系是一个非常好的惯性坐标系。在这个坐标系中观测到的天文现象与用牛顿运动定律和万有引力定律推算的结果十分接近。但我们关心的是人造卫星相对于地球的运动而不是相对于太阳的运动。也就是说,我们希望在一个地心坐标系统中来讨论卫星的运动。前面已经讲了由卫星的万有引力而引起的地球的加速度是可以忽略不计的,现在的问题是在太阳和其他行星的万有引力作用下地球将产生绕日公转,从而产生一个向心加速度。因此严格地讲,即使三个坐标轴是固定地指向空间三个方向的,地心坐标系也不是一个惯性坐标系。但好在这个向心加速度也很小,因此在一般情况下仍可被当作惯性坐标系。

(3) 卫星轨道理论所采用的各种地心坐标系的坐标轴一般并不指向空间的三个固定方向,而是与地球上一些重要的轴线重合。例如,Z 轴与地球自转轴重合指向春分点等。然而由于太阳、月球和行星对地球赤道附近的隆起部分的吸引力,这些轴线在空间的方向产生缓慢的变动,即岁差和章动,从而使得这些地心坐标系成为非惯性系。而牛顿力学只有在惯性系中才成立,所以必须对公式加以修正。通常我们将这种修正也当作摄动来处理,这就是所谓的坐标系的附加摄动。

5.4 基本运动方程的解

在 5.3 节中我们已建立了二体问题的基本运动方程。在 5.4 至 5.8 节中将重点讨论基本运动方程的求解、卫星的运动规律及卫星的轨道根数等问题,在公式推导过程中将大量使用矢量运算。

在二体问题基本运动方程式(5.10) 中,$r=(X^2+Y^2+Z^2)^{1/2}$,因此它是一个非线性的常微分方程组。该方程组由三个方程组成,每个方程皆为二阶微分方程,所以求解后应有 6 个独立的积分常数。下面我们就来解这个方程组。为方便计算,将二体运动基本运动方程式(5.10)写为矢量形式:

$$\ddot{\vec{r}}=\frac{\mathrm{d}^2\vec{r}}{\mathrm{d}t^2}=-\frac{\mu}{r^3}\vec{r} \tag{5.14}$$

将等号两边叉乘矢量 $\vec{r}$ 后有

$$\vec{r}\times\frac{\mathrm{d}^2\vec{r}}{\mathrm{d}t^2}=-\frac{\mu}{r^3}\vec{r}\times\vec{r}$$

$$\because \vec{r}\times\vec{r}=0$$

$$\therefore \vec{r}\times\frac{\mathrm{d}^2\vec{r}}{\mathrm{d}t^2}=0 \tag{5.15}$$

而

$$\frac{\mathrm{d}\left(\vec{r}\times\dfrac{\mathrm{d}\vec{r}}{\mathrm{d}t}\right)}{\mathrm{d}t}=\frac{\mathrm{d}\vec{r}}{\mathrm{d}t}\times\frac{\mathrm{d}\vec{r}}{\mathrm{d}t}+\vec{r}\times\frac{\mathrm{d}^2\vec{r}}{\mathrm{d}t^2}=\vec{r}\times\frac{\mathrm{d}^2\vec{r}}{\mathrm{d}t^2}=0$$

积分后得

$$\vec{r}\times\frac{\mathrm{d}\vec{r}}{\mathrm{d}t}=\vec{r}\times\dot{\vec{r}}=\vec{r}\times\overrightarrow{V}=\overrightarrow{N} \tag{5.16}$$

式中:$\overrightarrow{N}$ 为积分常矢量,该矢量在空间的方向和大小皆不变化。

式(5.16) 通常被称为面积积分公式。设 i、j、k 为坐标系 $A-XYZ$ 的三个坐标轴上的单位矢量,N_1、N_2、N_3 则为矢量 $\overrightarrow{N}$ 在三个坐标轴上的投影,于是

$$\overrightarrow{N}=N_1 i+N_2 j+N_3 k$$

根据矢量积的运算规则有

$$\vec{r} \times \dot{\vec{r}} = \begin{vmatrix} i & j & k \\ X & Y & Z \\ \dot{X} & \dot{Y} & \dot{Z} \end{vmatrix} = (Y\dot{Z} - Z\dot{Y})i + (Z\dot{X} - X\dot{Z})j + (X\dot{Y} - Y\dot{X})k$$

于是有

$$\begin{cases} Y\dot{Z} - Z\dot{Y} = N_1 \\ Z\dot{X} - X\dot{Z} = N_2 \\ X\dot{Y} - Y\dot{X} = N_3 \end{cases} \tag{5.17}$$

式(5.17) 为面积积分公式的标量表达式。

因为 $\vec{N}$ 垂直于 $\vec{r}$,将式(5.16) 两边点乘矢量 $\vec{r}$ 后可得：

$$\vec{N} \cdot \vec{r} = 0$$

$$\therefore N_1X + N_2Y + N_3Z = 0 \tag{5.18}$$

这是通过坐标原点 A 的一个平面方程。该方程表明在二体问题中卫星是始终在一个平面上运动的,该平面通过地球质心。

既然卫星是在平面上运动的,而我们在建立惯性坐标系 $O - \xi\eta\zeta$ 时对三个坐标轴的指向又未做限制,所以坐标系 $A - XYZ$ 的三个轴的指向也是可以选择的,可指向空间任意三个互相垂直的方向,因为这两个坐标系中的坐标轴是相互平行的。令 Z 轴垂直于轨道平面,X 轴与轨道平面和赤道平面的交线重合指向升交点,Y 轴位于轨道平面内,组成右手空间直角坐标系。在这样一个特定的坐标系中有：

$$N_1 = O, N_2 = O, N_3 = N$$

$$Z = O, \dot{Z} = O$$

于是面积积分公式(5.17)便简化为：

$$X\dot{Y} - Y\dot{X} = N \tag{5.19}$$

也就是说,卫星是在平面上运动的,我们就可以在该轨道平面上来讨论卫星的运动。而轨道平面在空间的位置可以由该平面的法线矢量 $\vec{N}$ 来唯一确定。

式(5.19) 为平面直角坐标表示的面积积分公式。该公式也可用极坐标(r,φ) 来表示。平面直角坐标(X,Y) 和极坐标(r,φ) 之间有下列关系(见图 5.2)：

$$X = r\cos\varphi$$

$$Y = r\sin\varphi$$

求导数后得：

$$\dot{X} = \dot{r}\cos\varphi - r\sin\varphi \cdot \dot{\varphi}$$

$$\dot{Y} = \dot{r}\sin\varphi + r\cos\varphi \cdot \dot{\varphi}$$

代入式(5.19)后得

$$r^2\dot{\varphi} = N \tag{5.20}$$

式(5.20)为用平面极坐标形式表示的面积积分公式。

速度矢量 $\vec{V} = \dot{\vec{r}} = \dfrac{d\vec{r}}{dt}$ 可分解为径向矢量 $\vec{V_r}$ 和横向矢量 $\vec{V_n}$。

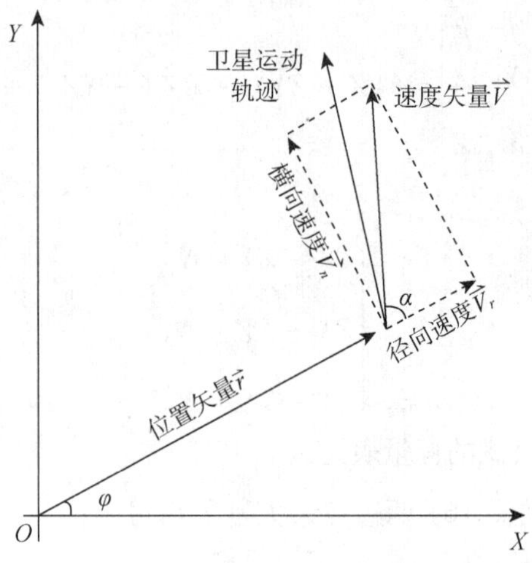

图 5.2　速度矢量 $\overrightarrow{V}$ 的分解

$$\overrightarrow{V} = \overrightarrow{V_r} + \overrightarrow{V_n}$$

$\overrightarrow{V}_r$ 的方向与矢径 $\vec{r}$ 的方向一致，$\overrightarrow{V_n}$则与 $\vec{r}$ 垂直，如图 5.2 所示。$\overrightarrow{V_r}$和 $\overrightarrow{V_n}$的模分别为：

$$\left.\begin{aligned} |\overrightarrow{V_r}| &= V_r = V\cos\alpha = \frac{\mathrm{d}r}{\mathrm{d}t} = \dot{r} \\ |\overrightarrow{V_n}| &= V_n = V\sin\alpha = r \cdot \frac{\mathrm{d}\varphi}{\mathrm{d}t} = r \cdot \dot{\varphi} \end{aligned}\right\} \tag{5.21}$$

α 为矢径 $\vec{r}$ 和速度矢量 $\overrightarrow{V}$ 之间的夹角。

据式(5.10) 和式(5.16) 有：

$$\begin{aligned} \overrightarrow{N} \times \ddot{\vec{r}} &= (\vec{r} \times \overrightarrow{V}) \times \left(-\frac{\mu}{r^3}\vec{r}\right) = -\frac{\mu}{r^3}(\vec{r} \times \overrightarrow{V}) \times \vec{r} = +\frac{\mu}{r^3}\vec{r} \times (\vec{r} \times \overrightarrow{V}) \\ &= \frac{\mu}{r^3}[\vec{r} \cdot (\vec{r} \cdot \overrightarrow{V}) - \overrightarrow{V}(\vec{r} \cdot \vec{r})] = \frac{\mu}{r^3}[\vec{r} \cdot rV\cos\alpha - \overrightarrow{V}r^2] \\ &= \frac{\mu}{r^3}[\vec{r} \cdot r \cdot \dot{r} - \dot{\vec{r}}r^2] = -\frac{\mu}{r^2}[\vec{r}\,\dot{r} - \dot{\vec{r}}r] = \mu\frac{\mathrm{d}}{\mathrm{d}t}\left(\frac{\vec{r}}{r}\right) \end{aligned}$$

由于 $\overrightarrow{N}$ 为常矢量，所以有：

$$\overrightarrow{N} \times \ddot{\vec{r}} = \frac{\mathrm{d}}{\mathrm{d}t}(\overrightarrow{N} \times \dot{\vec{r}}) = \frac{\mathrm{d}}{\mathrm{d}t}(\overrightarrow{N} \times \overrightarrow{V})$$

于是我们有：

$$\frac{\mathrm{d}}{\mathrm{d}t}(\overrightarrow{N} \times \overrightarrow{V}) = -\mu\frac{\mathrm{d}}{\mathrm{d}t}\left(\frac{\vec{r}}{r}\right)$$

即

$$\frac{\mathrm{d}}{\mathrm{d}t}\left(\overrightarrow{N} \times \overrightarrow{V} + \mu\frac{\vec{r}}{r}\right) = 0$$

积分后可得：

$$\overrightarrow{N} \times \overrightarrow{V} + \mu\frac{\vec{r}}{r} + \overrightarrow{\lambda} = 0$$

上式中的 $\overrightarrow{\lambda}$ 为积分常矢量。在上式两边点乘矢量 $\vec{r}$ 后有：

$$\vec{r}\cdot(\overrightarrow{N}\times\overrightarrow{V})+\frac{\mu}{r}(\vec{r}\cdot\vec{r})+\vec{r}\cdot\overrightarrow{\lambda}=0$$

即

$$\overrightarrow{N}\cdot(\overrightarrow{V}\times\vec{r})+\frac{\mu}{r}r^2+r\lambda\cos(\varphi-\omega)=0 \tag{5.22}$$

式中：φ 为矢径 $\vec{r}$ 的极角；

ω 为常矢量 $\overrightarrow{\lambda}$ 的极角，即从 X 轴逆时针旋转至矢量 $\overrightarrow{\lambda}$ 所经过的角度；

$(\varphi-\omega)$ 即为矢量 $\vec{r}$ 和 $\overrightarrow{\lambda}$ 间的夹角，通常记为 θ，即 $\theta=\varphi-\omega$。

将式(5.16)代入式(5.22)后可得：

$$\overrightarrow{N}\cdot(-\overrightarrow{N})+\mu r+r\lambda\cos(\varphi-\omega)=0$$

即

$$r[\mu+\lambda\cos(\varphi-\omega)]=N^2$$

$$r=\frac{N^2}{\mu+\lambda\cos(\varphi-\omega)}=\frac{\frac{N^2}{\mu}}{1+\frac{\lambda}{\mu}\cos(\varphi-\omega)} \tag{5.23}$$

令

$$\begin{cases}p=\dfrac{N^2}{\mu}\\[2mm] e=\dfrac{\lambda}{\mu}\end{cases}$$

最后可得轨道方程：

$$r=\frac{p}{1+e\cos(\varphi-\omega)} \tag{5.24}$$

从解析几何知识可知，式(5.24)为圆锥曲线方程。坐标原点 A 位于圆锥曲线的一个焦点上，p 为圆锥曲线的焦点参数，e 为圆锥曲线的离心率。根据 e 的大小，圆锥曲线可分为如下三种情况：当 $e<1$ 时，为椭圆；当 $e=1$ 时，为抛物线；当 $e>1$ 时，为双曲线。

在后两种情况下，人造天体将脱离地球引力场的作用而做星际航行，不再成为围绕地球飞行的卫星。在人卫轨道理论中一般不予讨论。

通过上面的讨论可以看出，在二体问题中人造地球卫星的运行轨道为一椭圆，地球质心位于椭圆轨道的一个焦点上。这就是著名的开普勒第一定律。只不过开普勒讨论的是行星围绕着太阳的运动，而我们讨论的是卫星围绕着地球正球（或地球质点）的运动。

当运动轨道为椭圆时：

$$\left.\begin{aligned}&\text{焦点参数}\ p=\frac{b^2}{a}=a(1-e^2)\\ &\text{离心率}\ e=\frac{\sqrt{a^2-b^2}}{a}\end{aligned}\right\} \tag{5.25}$$

p 通常被称为半通径，e 被称作偏心率。当 e 为 0 时，卫星的运行轨道将变为一个圆，它可以视为椭圆的一个特例。a 为椭圆的长半径,b 为短半径。

从图 5.3 以及式(5.24) 可以看出,当 $\theta = \varphi - \omega = 0$,即卫星位于 Q 点时,从地球质心 A 至卫星的距离 r 取极小值 $r_{\min} = \dfrac{p}{1+e}$。所以我们把 Q 点称为近地点,把从近地点至地心 A 的距离 $r_{\min}$ 称为近心距,把从 AQ 起算的 θ 角称为真近点角。当 $\theta = 180°$,即卫星位于 Q' 点时,从地心 A 至卫星的距离取极大值 $r_{\max} = \dfrac{p}{1-e}$。所以我们把 Q' 点称为远地点,把从远地点 Q' 至地心 A 的距离 $r_{\max}$ 称为远心距。

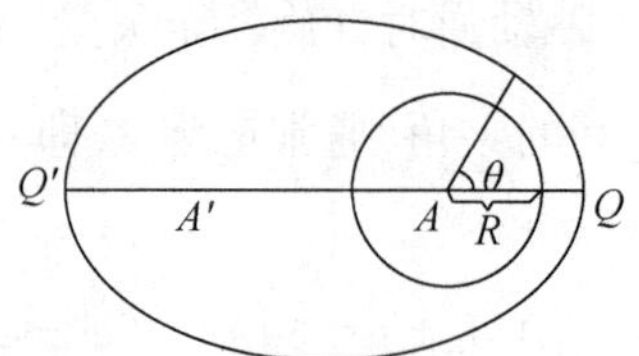

图 5.3　近地点及远地点

如果我们把地球看作半径为 R 的圆球,并把从卫星至该球面的垂直距离定义为卫星离地面的高度 h 的话,则有

$$r = R + h \tag{5.26}$$

而地球的半径一般取 $R = \dfrac{1}{3}(a + a + b) = 6371\ \text{km}$。在近地点有 $r_{\min} = R + h_{\min}$($h_{\min}$ 为近地点的高度),在远地点有 $r_{\max} = R + h_{\max}$($h_{\max}$ 为远地点的高度)。由于近地点和远地点分别位于轨道椭圆的长轴的两个端点上,所以近心距和远心距之和就等于椭圆长半径 a 的两倍,则有:

$$r_{\min} + r_{\max} = 2R + (h_{\min} + h_{\max}) = 2a \tag{5.27}$$

从上面的讨论还可以看出,当 $\vec{r}$ 与 $\overrightarrow{\lambda}$ 重合时 $\theta = \varphi - \omega = 0$,而此时 r 取极小值 $r_{\min} = \dfrac{p}{1+e}$。这就表明积分常矢量 $\overrightarrow{\lambda}$ 的方向是与 $\overrightarrow{AQ}$ 的方向一致的,所以式(5.24) 中的极角 ω 就是以地心 A 至升交点的方向(即 X 轴)为起始边逆时针旋转至 $\overrightarrow{AQ}$ 所经过的角度,也就是在轨道根数中所介绍的近地点角距 ω。

5.5　卫星运动的角速度、面积速度及周期

从式(5.20) 可以看出:

(1) 若 $N > 0$,则 $\dot{\varphi} > 0$,此时 φ 角将随着时间的增加而增加,从极角的定义知此时卫星向逆时针方向运动,如图 5.4 所示。

若 $N < 0$,则 $\dot{\varphi} < 0$,此时 φ 角将随着时间的增加而减小,卫星向顺时针方向运动。

若 $N = 0$,则 $\dot{\varphi} = 0$,此时 φ 角不随着时间的变化而变化,卫星做直线运动。从式(5.16) 知此时 $\vec{r}$ 和 $\overrightarrow{V}$ 共线。在卫星轨道理论中不讨论这种情况。在刚开始发射卫星时为了尽快穿过稠密的大气层,火箭可以向天顶方向发射。但随后要改变方向,因而入轨时卫星的运动速度 $\overrightarrow{V}$ 和矢径 $\vec{r}$ 总是不共线的。

(2) $\dot{\varphi} = \frac{N}{r^2}$。这表明在卫星运动过程中,其角速度将随着卫星至地心的距离的变化而变化。卫星离地心越近,其运动角速度就越大;卫星离地心越远,其运动角速度就越小。

此外,从式(5.20) 和式(5.21) 知

$$N = r^2\dot{\varphi} = r \cdot r\dot{\varphi} = rV_n \tag{5.28}$$

如图 5.4 所示,根据开普勒第二定律,设卫星在时刻 t 时位于点 P,经过时间 dt 后移至点 P',则矢径 $\vec{r}$ 在 dt 时间内扫过的面积 ds 为:

$$\mathrm{d}s = \frac{1}{2}r(r \cdot \mathrm{d}\varphi) = \frac{1}{2}r^2\mathrm{d}\varphi$$

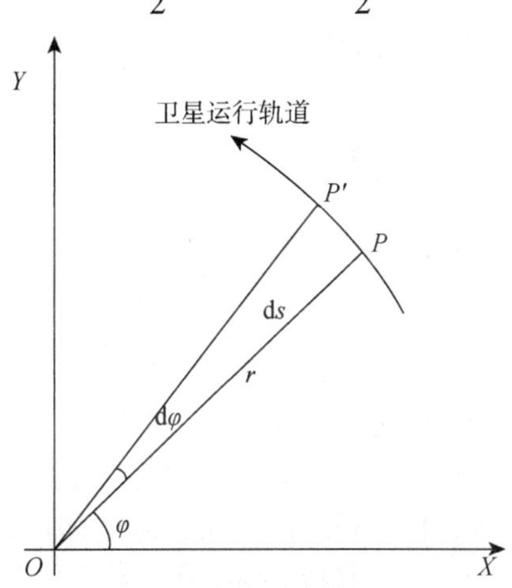

图 5.4　开普勒第二定律示意图

将上式两边同时除以 dt 得:

$$\frac{\mathrm{d}s}{\mathrm{d}t} = \frac{1}{2}r^2\frac{\mathrm{d}\varphi}{\mathrm{d}t} = \frac{1}{2}r^2\dot{\varphi} = \frac{N}{2} \tag{5.29}$$

我们将$\frac{\mathrm{d}s}{\mathrm{d}t}$称为卫星的面积速度。式(5.29) 表明卫星在运行过程中其面积速度为某一常数 $N/2$。这就是开普勒第二定律。将式(5.29) 移项后积分得:

$$\int_{s_1}^{s_2}\mathrm{d}s = \int_{t_1}^{t_2}\frac{N}{2}\mathrm{d}t \tag{5.30}$$

$$S = \frac{N}{2}(t_2 - t_1)$$

式(5.30) 告诉我们,卫星矢径所扫过的面积和时间间隔成正比,也就是说卫星矢径在相同的时间内所扫过的面积是相同的。这是开普勒第二定律的另一种表述形式。

卫星连续两次通过轨道上某一点,例如近地点,绕轨道运行一整周所需要的时间 T 称为卫星的运行周期。根据开普勒第二定律不难求得卫星的运行周期 T。从式(5.30) 知,在时间间隔$(t_2 - t_1)$ 内卫星矢径所扫过的面积 S 为:

$$S = \frac{1}{2}N(t_2 - t_1)$$

显然,卫星矢径在一个周期 T 内所扫过的面积即为卫星椭圆轨道的面积 $\pi ab = \frac{1}{2}NT$。

即:

$$T=\frac{2\pi ab}{N}=\frac{2\pi ab}{\sqrt{\mu p}}=\frac{2\pi ab}{\sqrt{\pi}\sqrt{b^2/a}}=\frac{2\pi ab}{\sqrt{\pi}}a^{3/2} \tag{5.31}$$

该式表明卫星的运行周期 T 与轨道椭圆的长半径 a 的 3/2 次方成正比。这就是开普勒第三定律。

式(5.31) 还可写为下列形式:

$$\frac{2\pi}{T}=\frac{\sqrt{\mu}}{a^{3/2}}$$

令$\frac{2\pi}{T}=n$,n 称为卫星运动的平均角速度。于是上式又可表示为:

$$n^2a^3=\mu \tag{5.32}$$

式中:$\mu=G(M+m)$;

G 为万有引力常数;

M 为地球质量;

m 为卫星质量。

如前所述,在卫星大地测量中卫星的质量总是可以忽略不计,所以 $\mu=GM$,即万有引力常数和地球的总质量的乘积。式(5.32) 是开普勒第三定律的另一种表达形式。它告诉我们,卫星运动的平均角速度 n 的平方和轨道长半径 a 的三次方之乘积为常数 μ。所以两颗卫星的运行周期的平方之比即为它们的轨道长半径 a 的三次方之比,即:

$$T_1^2/T_2^2=a_1^3/a_2^3 \tag{5.33}$$

如前所述,开普勒是从分析行星的运动规律中总结出开普勒行星运动三定律的。而牛顿则在此基础上创立了牛顿运动定律和万有引力定律,从力学上给出了科学的解释,因而更具普遍性。通过上面的分析讨论可以看出,开普勒行星运动定律不仅可用于研究行星运动,也可用于研究卫星运动。

5.6 卫星运动的线速度及引力常数

将矢量形式的二体问题基本运动方程式(5.14) 两边点乘 $2\dot{\vec{r}}$ 得:

$$2\dot{\vec{r}}\,\ddot{\vec{r}}=-\frac{2\mu}{r^3}\dot{\vec{r}}\,\vec{r}$$

即

$$\frac{\mathrm{d}}{\mathrm{d}t}(\dot{\vec{r}})^2=-\frac{\mu}{r^3}\frac{\mathrm{d}}{\mathrm{d}t}(\vec{r})^2$$

或写为

$$\frac{\mathrm{d}}{\mathrm{d}t}(\overrightarrow{V})^2=-\frac{\mu}{r^3}\frac{\mathrm{d}}{\mathrm{d}t}(\vec{r})^2$$

$$\because\ (\overrightarrow{V})^2=\overrightarrow{V}\cdot\overrightarrow{V}=V^2\quad(\vec{r})^2=\vec{r}\cdot\vec{r}=r^2$$

$$\therefore\ \frac{\mathrm{d}}{\mathrm{d}t}(V^2)=-\frac{\mu}{r^3}\frac{\mathrm{d}}{\mathrm{d}t}(r^2)=-\frac{\mu}{r^3}2r\frac{\mathrm{d}r}{\mathrm{d}t}=-\frac{2\mu}{r^2}\frac{\mathrm{d}r}{\mathrm{d}t}=\frac{\mathrm{d}}{\mathrm{d}t}\left(\frac{2\mu}{r}\right)$$

积分后得:

$$V^2=\frac{2\mu}{r}+h$$

即
$$V^2 - \frac{2\mu}{r} = h \tag{5.34}$$

式中:h 为积分常数。

为说明上式的物理意义,将公式两边均乘上$\frac{m}{2}$(m 为卫星的质量),得:

$$\frac{1}{2}mV^2 + \left(-\frac{m\mu}{r}\right) = \frac{1}{2}mh$$

式中:第一项$\frac{1}{2}mV^2$ 为卫星的动能;

第二项$\left(-\frac{m\mu}{r}\right) = -G\frac{mM}{r}$ 为卫星的位能。

这就表明在二体问题中卫星在运行时遵循能量守恒定律,在任一时刻其动能和位能之和为一常数。因此,式(5.34)也被称为能量积分。需要说明的是,在二体问题中我们只考虑卫星在地球质点的万有引力作用下的运行规律。由于这种力是一种保守力,故卫星的运动遵循能量守恒定律。而实际上卫星还将受到大气阻力等耗散力的作用,其能量将不断损耗,最后落到地面上来。

5.6.1　卫星运行的线速度

(1) 已知卫星轨道及真近点角 θ 求线速度 V

卫星运行速度 $\overrightarrow{V}$ 可分解为两个分量:径向速度$\overrightarrow{V_r}$和横向速度$\overrightarrow{V_n}$。下面让我们来看一下它们的大小:

从式(5.20)、式(5.21)、式(5.23)和式(5.24)知:

$$V_n = \frac{N}{r} = \frac{N}{p}(1 + e\cos\theta) = \sqrt{\frac{\mu}{p}}(1 + e\cos\theta) \tag{5.35}$$

$$V_r = \dot{r} = \frac{\mathrm{d}r}{\mathrm{d}\theta} \cdot \frac{\mathrm{d}\theta}{\mathrm{d}t} = \frac{pe\sin\theta}{(1 + e\cos\theta)^2} \cdot \frac{N}{r^2} = \frac{N}{p}e\sin\theta = \sqrt{\frac{\mu}{p}}e\sin\theta \tag{5.36}$$

而
$$V = \sqrt{V_r^2 + V_n^2} = \sqrt{\frac{\mu}{p}}\,(1 + e^2 + 2e\cos\theta)^{1/2} \tag{5.37}$$

由此可见:

① 卫星在近地点时运动线速度最大

由于 $\theta = 0°$,故 $V_r = 0$,于是

$$V_{近} = V_{n近} = \sqrt{\frac{\mu}{p}}(1 + e) \tag{5.38}$$

② 卫星在远地点时运动线速度最小

此时 $\theta = 180°$,$V_r = 0$,于是

$$V_{远} = V_{n远} = \sqrt{\frac{\mu}{p}}(1 - e) \tag{5.39}$$

③ 由于在近地点和远地点上卫星的径向速度均为零,卫星的运动速度就等于其横向速

度,所以从式(5.38)和式(5.39)不难导得:

$$\frac{V_{\text{近}}}{V_{\text{远}}}=\frac{r_{\max}}{r_{\min}}=\frac{1+e}{1-e} \tag{5.40}$$

这就表明,远心距与近心距的比值等于卫星在近地点的运动速度与在远地点的运动速度的比值。

在轨道椭圆的形状和大小,即 p 和 e 均为已知的情况下,真近点角处的卫星的运动速度可据式(5.35)~式(5.37)求得。

(2)已知卫星轨道及矢径 r 求线速度 V

据能量积分公式(5.34)有:

$$V^2-\frac{2\mu}{r}=h$$

这是一个普遍公式,对轨道上任意点皆适用。对近地点而言,有:

$$r=r_{\min}=\frac{p}{1+e}=a(1-e)$$

$$V=V_{\text{近}}=\sqrt{\frac{\mu}{p}}(1+e)$$

将这些值代入能量积分公式后即可求得积分常数 h 的值为:

$$h=\frac{\mu}{p}(1+e)^2-\frac{2\mu}{a(1-e)}=\frac{\mu(1+e)^2}{a(1-e)^2}-\frac{2\mu}{a(1-e)}=-\frac{\mu}{a} \tag{5.41}$$

代入能量积分公式后得:

$$V^2=\mu\left(\frac{2}{r}-\frac{1}{a}\right) \tag{5.42}$$

在已知轨道的长半径 a 和卫星的矢径 r 的情况下,可用上式来求得卫星的运行速度 V。

将式(5.42)两边同时乘上 $\frac{r}{\mu}$ 后得:

$$\frac{rV^2}{\mu}=\left(2-\frac{r}{a}\right) \tag{5.43}$$

即

$$\frac{rV^2}{\mu}-1=1-\frac{r}{a} \tag{5.44}$$

如果在某一时刻 t,卫星运动速度 $\vec{V}$ 和矢径 $\vec{r}$ 垂直,那么只可能是下列三种情况:

① 卫星位于近地点,此时 $r<a$,即 $\left(1-\frac{r}{a}\right)>0$,或者说

$$\frac{rV^2}{\mu}>1$$

② 卫星位于远地点,此时 $r>a$,即 $\left(1-\frac{r}{a}\right)<0$,或者说

$$\frac{rV^2}{\mu}<1$$

③ 卫星的轨道为圆轨道,此时 $r=a$,即 $\left(1-\frac{r}{a}\right)=0$,或者说

$$\frac{rV^2}{\mu} = 1$$

现将地球看成一个圆球且不考虑地形起伏，如果要从地面上向水平方向发射一颗人造卫星，其速度至少应达到多少？显然为了使得卫星不至于和地面相碰，发射后卫星的 r 永远不能小于地球半径 R，即发射点不可能为轨道中的远地点，而只能是近地点或者轨道为圆轨道。也就是说$\frac{RV^2}{\mu} \geqslant 1$，因而发射速度 V 至少应为$\sqrt{\frac{\mu}{R}}$。我们将 $V_1 = \sqrt{\frac{\mu}{R}}$ 称为第一宇宙速度。这是从地面上发射人造卫星时所需要的最低速度。将μ 和 R 的数值代入后得出 $V_1 = 7.9$ km/s。需要说明的是，这个速度是相对于 $A - XYZ$ 坐标系而言的。地球自转卫星发射站相对于 $A - XYZ$ 坐标系也在运动，其运动速度为 $2\pi R\cos\varphi/86\,400$，单位为 km/s，其中 φ 为发射站的纬度。向东方发射卫星时这个地球自转速度就能成为卫星的一个初速度。例如，在 $\varphi = 30°$ 处地球自转的线速度为 0.4 km/s，这样向东方发射卫星时相对于地面的发射速度只需达到7.5 km/s 就可以了。

随着发射速度的增加，椭圆轨道的长半径 a 将变得越来越大。当 $a \to \infty$时轨道将变成抛物线。这时火箭及其运载物将脱离地球引力场的作用而飞向太空，不再成为围绕地球运动的卫星。摆脱地球引力场作用所需的最低速度称为逃逸速度或第二宇宙速度。从式(5.42) 可以看出，当 $a \to \infty$时

$$V_2 = \sqrt{\frac{2\mu}{R}} \tag{5.45}$$

V_2 为第一宇宙速度 V_1 的$\sqrt{2}$ 倍，其值为 $V_2 = 11.2$ km/s。人造卫星的发射速度应在 V_1 和 V_2 之间。

5.6.2　引力常数

如上所述，如果我们能采用某些观测方法精确确定卫星的轨道，例如对卫星进行激光测距、多普勒测量、伪距测量及载波相位测量，求得轨道的长半径 a 及卫星的运行周期 T，那么就能根据开普勒第三定律准确求得地球的质量 M(包括地球周围的大气质量) 和万有引力常数 G 的乘积 $\mu = GM$。利用卫星大地测量资料求得的乘积为$(39\,860\,047\ \pm 5) \times 10^7\ \mathrm{m^3/s^2}$。

同样，如果我们测定了地球公转的椭圆轨道的长径 a 和公转的周期 T，就能求得太阳和地球的质量之和$(M + m)$ 与万有引力常数 G 的乘积。

在卫星大地测量中为了使运动微分方程简洁、便于计算，常常采用适当的长度单位和时间单位以便使 μ 的数值为1。采用的长度单位是地球椭球的长半径 a，即1长度单位 = 6 378 137 m。显然，为了使 $\mu = 1$，时间单位应取：

$$T_0 = \sqrt{\frac{(6\,378\,137\ \mathrm{m})^3}{(39\,860\,047\ \pm 5) \times 10^7\ \mathrm{m^3/s^2}}} = 806.811\,1\ \mathrm{s} \tag{5.46}$$

也就是说，如果在计算时将所有的距离都除以 6 378 137 m，将长度单位从 m 换算为以地球椭球的长半径 a 为单位；将所有的时间都除以 806.811 1 s，将时间单位从 s 换算为新的时间单位，那么公式中的 μ 的数值将变为 1。此时从形式上看，公式中将不再出现μ。

5.7 真近点角、平近点角、偏近点角及其转换关系式

真近点角、平近点角及偏近点角是卫星轨道理论中经常碰到的三个角参数。本节将介绍这三个角度的定义以及相互换算时的关系式。

5.7.1 真近点角 θ、平近点角 M 和偏近点角 E

(1) 真近点角 θ

真近点角 θ 是顶点位于地心 A，从起始边 AQ，逆时针旋转至矢径 AS 时所经过的一个角度，如图 5.5 所示，Q 为近地点，S 为卫星。

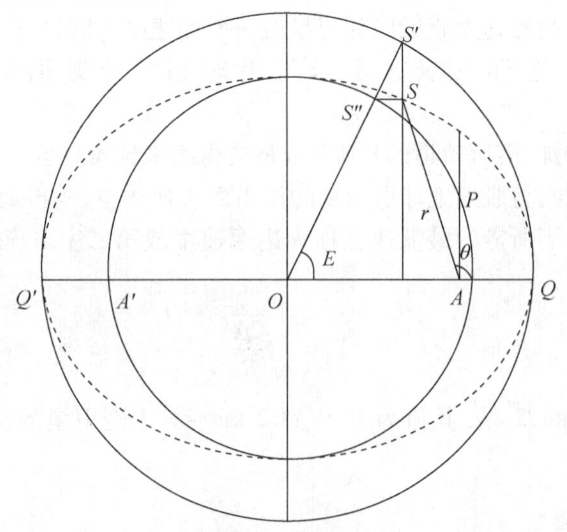

图 5.5 真近点角 θ 和偏近点角 E 的几何意义

在这三种角度中只有真近点角 θ 和卫星位置直接联系在一起，但从开普勒第二定律知，由于卫星至地心的距离 r 的不同，卫星的运动角速度 θ 也是不同的。也就是说，真近点角 θ 是时间 t 的一个很复杂的函数。所以需要通过平近点角 M 和偏近点角 E 才能将真近点角 θ 计算出来。

(2) 平近点角 M

现假想有一颗虚拟的卫星 S''' 以恒角速度 n 在轨道上运动，n 即为真实卫星 S 的平均角速度，即 $n=2\pi/T$，T 为真实卫星的运动周期，虚拟卫星 S''' 的真近点角被称为卫星 S 的平近点角 M。也就是说平近点角 M 的顶点也在地心 A，起算边也为 AQ，也是逆时针方向计数的，只是终止边为虚拟卫星 S''' 的矢径 AS'''。而 AS''' 以平均角速度 n 在匀速旋转。从上面的定义可以看出，平近点角 M 是时间 t 的线性函数，如果卫星在时刻 t 通过近地点 Q，那么在时刻 t 卫星的平近点角 M 就可用下列公式很方便地求得：

$$M=n(t-t_0) \tag{5.47}$$

(3) 偏近点角 E

首先以轨道椭圆的中心 O 为圆心，分别以椭圆的长半径 a 和短半径 b 作两个圆。然后通过卫星 S 作椭圆短轴的平行线与以 a 为半径的大圆相交于 S'，再通过 S 作椭圆长轴的平行线与以

b 为半径的小圆相交于 S''（见图 5.5）。根据椭圆的特性，S'、S'' 和 O 三个点应位于一条直线上。偏近点角 E 是顶点位于椭圆中心 O，从起始边 OQ 逆时针旋转至边 $OS''S'$ 时所经过的角度。平近点角 M 和真近点角 θ 是通过偏近点角 E 联系起来的。

5.7.2　平近点角和偏近点角之间的关系——开普勒方程

（1）开普勒方程的建立

从图 5.6 可以看出，卫星 S 的坐标可据椭圆的长半径 a、短半径 b 和偏近点角 E 求得。考虑到椭圆中心 O 至焦点 A 的距离等于长半径 a 和偏心率 e 的乘积 ae 后有：

$$\begin{cases}\xi = a\cos E - ae \\ \eta = b\sin E = a\sqrt{1-e^2}\sin E\end{cases} \tag{5.48}$$

$$\begin{aligned}r^2 &= \xi^2 + \eta^2 = a^2(\cos E - e)^2 + a^2(1-e^2)\sin^2 E \\ &= a^2(\cos^2 E - 2e\cos E + e^2 + \sin^2 E - e^2\sin^2 E) \\ &= a^2(1 - e\cos E)^2\end{aligned}$$

$$\therefore r = a(1 - e\cos E) \tag{5.49}$$

式（5.49）建立了偏近点角 E 和卫星矢径 r 之间的关系。

将式（5.49）对时间 t 求导数后得：

$$\frac{\mathrm{d}r}{\mathrm{d}t} = ae\sin E\frac{\mathrm{d}E}{\mathrm{d}t}$$

据式（5.36）

$$\frac{\mathrm{d}r}{\mathrm{d}t} = \frac{N}{P}e\sin\theta$$

可知

$$\frac{\mathrm{d}E}{\mathrm{d}t} = \frac{N\sin\theta}{aP\sin E} \tag{5.50}$$

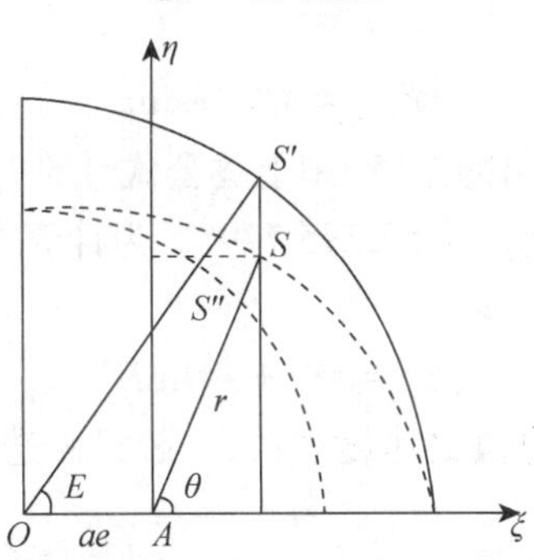

图 5.6　开普勒方程的推导

由图 5.6 又可知

$$b\sin E = r\sin\theta$$

即 $\dfrac{\sin\theta}{\sin E} = \dfrac{b}{r}$，将它代入式（5.50）有

$$r\frac{\mathrm{d}E}{\mathrm{d}t} = \frac{N}{P}\cdot\frac{b}{a}$$

$$\because P = \frac{b^2}{a} \quad \therefore r\frac{\mathrm{d}E}{\mathrm{d}t} = \frac{N}{b}$$

将式（5.49）代入上式得：

$$a(1-e\cos E)\frac{\mathrm{d}E}{\mathrm{d}t}=\frac{N}{b}$$

即
$$(1-e\cos E)\frac{\mathrm{d}E}{\mathrm{d}t}=\frac{N}{ab} \tag{5.51}$$

据式(5.31)有

$$\frac{N}{ab}=\frac{2\pi}{T}=n$$

代入式(5.51)可得

$$(1-e\cos E)\,\mathrm{d}E=n\mathrm{d}t$$

$$\int_{t_0}^{t}(1-e\cos E)\,\mathrm{d}E=\int_{t_0}^{t}n\mathrm{d}t$$

上式中 t_0 为卫星过近地点 Q 的时刻。由于卫星在近地点时偏近点角 $E(t_0)=0$,所以最后可得:

$$E-e\sin E=n(t-t_0)=M \tag{5.52}$$

式(5.52)就是著名的开普勒方程,它给出了平近点角 M 和偏近点角 E 之间的关系。

(2)开普勒方程的求解

所谓解开普勒方程,指的是已知平近点角 M 求偏近点角 E。由于开普勒方程是一个超越方程,不便直接求解,所以一般采用下列近似方法:

① 迭代法

取 M 作为 E 的初值 E_0,然后逐次迭代:

$$\begin{cases}E_0=M\\E_1=M+e\sin E_0\\\cdots\cdots\\E_{i+1}=M+e\sin E_i\end{cases} \tag{5.53}$$

直至 $|E_{i+1}-E_i|<\varepsilon$ 时。需要指出的是,利用上述公式计算时 E 和 M 都以弧度为单位。如果以角度为单位,方程两边均需乘上 $\rho^\circ=57.295\,779^\circ$。为计算方便,可令 $e^\circ=e\rho^\circ$,此时开普勒方程变为:

$$E^\circ=M^\circ+e^\circ\sin E^\circ \tag{5.54}$$

当偏心率 e 很小时,迭代法的收敛速度很快,一般只需迭代几次即可获得满意的结果。

② 微分改正法

当偏心率 e 较大时,迭代法的收敛速度较慢,此时可考虑采用微分改正法。对开普勒方程取微分,可得

$$(1-e\cos E)\Delta E=\Delta M$$

即
$$\Delta E=\frac{\Delta M}{1-e\cos E} \tag{5.55}$$

首先取 M 作为初值 E_0,代入开普勒方程后可求得 $M_0=E_0-e\sin E$,然后计算 ΔM。$\Delta M=M-M_0$。接着计算 ΔE_0,$\Delta E_0=\dfrac{\Delta M_0}{1-e\cos E_0}$。

于是可求得 $E_1=E_0+\Delta E_0$。获得较为精确的偏近点角 E_1 后,再将其代入开普勒方程,重复

上述过程，直至 ΔM 小于预先给定的限差 ξ。

5.7.3　偏近点角和真近点角间的关系

(1) 关系式一

从图 5.6 可以看出卫星 S 的 ξ 坐标为：

$$\xi = a\cos E - ae = r\cos\theta$$

而从式(5.24)和式(5.25)又可得

$$r = \frac{a(1 - e^2)}{1 + e\cos\theta}$$

代入上式移项后得：

$$\cos E = e + \frac{1 - e^2}{1 + e\cos\theta}\cos\theta = \frac{e + \cos\theta}{1 + e\cos\theta}$$

即

$$1 - \cos E = 1 - \frac{e + \cos\theta}{1 + e\cos\theta} = \frac{1 - e + e\cos\theta - \cos\theta}{1 + e\cos\theta} = \frac{(1 - e)(1 - \cos\theta)}{1 + e\cos\theta}$$

而

$$1 + \cos E = 1 + \frac{e + \cos\theta}{1 + e\cos\theta} = \frac{1 + e + e\cos\theta + \cos\theta}{1 + e\cos\theta} = \frac{(1 + e)(1 + \cos\theta)}{1 + e\cos\theta}$$

而据三角公式又有：

$$1 - \cos E = 2\sin^2\frac{E}{2}$$

$$1 + \cos E = 2\cos^2\frac{E}{2}$$

$$\therefore \frac{1 - \cos E}{1 + \cos E} = \frac{1 - e}{1 + e}\cdot\frac{1 - \cos\theta}{1 + \cos\theta}$$

即

$$\tan^2\frac{E}{2} = \frac{1 - e}{1 + e}\tan^2\frac{\theta}{2}$$

于是我们有：

$$\begin{cases} \tan\dfrac{E}{2} = \sqrt{\dfrac{1 - e}{1 + e}}\tan\dfrac{\theta}{2} \\ \tan\dfrac{\theta}{2} = \sqrt{\dfrac{1 + e}{1 - e}}\tan\dfrac{E}{2} \end{cases} \tag{5.56}$$

式(5.56) 给出了偏近点角 E 和真近点 θ 间的转换关系。

(2) 关系式二

卫星轨道理论中，我们遇到的问题大多数是已知偏近点角 E 求真近点角 θ。此时也可采用下列公式来计算。

由图 5.6 可知，卫星 S 的 η 坐标为

$$\eta = r\sin\theta = b\sin E$$

即
$$\sin\theta = \frac{b\sin E}{r}$$

将式(5.49)代入上式后得

$$\sin\theta = \frac{b\sin E}{a(1 - e\cos E)} \tag{5.57}$$

显然,式(5.57)的推导过程要简单得多。

5.8 轨道根数

轨道根数是人卫轨道理论中一个很重要的概念。本节将介绍轨道根数的意义以及如何来确定椭圆轨道的轨道根数。

5.8.1 开普勒轨道根数

在人卫轨道理论中我们通常用6个开普勒轨道根数来描述卫星椭圆轨道的形状、大小及其在空间的指向,来确定任一时刻 t_i 卫星在轨道上的位置。所谓轨道根数即轨道参数。由于轨道根数这一称呼已为我国天文界所惯用,所以本书中也沿用这一名词。下面将介绍6个开普勒轨道根数的具体含义。

先以地心 A 为球心做一个半径为无穷大的天球,分别将地球赤道面及轨道面向外延伸,与天球相交得天球赤道及卫星轨道在天球上的投影,为一大圆。

(1) 升交点赤经 Ω

一般说来卫星轨道与赤道平面有两个交点,当卫星从赤道平面以下(南半球)穿过赤道平面进入北半球时与赤道平面的交点 $N_{升}$ 被称作升交点;反之,当卫星从赤道平面上方(北半球)穿过赤道平面进入南半球时与赤道平面的交点 $N_{降}$ 被称作降交点。实际上,$N_{升}$ 和 $N_{降}$ 分别为升交点和降交点在天球上的投影,但为了方便,有时也可简称为升交点和降交点。升交点 $N_{升}$ 的赤经称为升交点赤经,用 Ω 表示。显然,Ω 也可以用天球赤道上的大圆弧 $rN'_{升}$ 来表示(见图5.7),Ω 可在 0°~360°内变动。

(2) 轨道倾角 i

在升交点处轨道正方向(卫星运动方向)和赤道正方向(赤经增加方向)之间的夹角称为轨道倾角,用 i 表示。显然 i 亦即 $\overrightarrow{N}$ 与 Z 轴之间的夹角。i 的取值范围是 0°~180°。当 $i < 90°$ 时,卫星顺时针旋转;当 $i > 90°$ 时,卫星逆时针旋转。

显然,用 Ω 和 i 两个轨道根数可描述卫星轨道平面在空间的指向。

(3) 长半轴 a

从轨道椭圆的中心至近地点的距离,即轨道椭圆的长轴的一半,因而也可称为长半轴或半长轴。

(4) 偏心率 e

$$e = \frac{c}{a} = \frac{\sqrt{a^2 - b^2}}{a} \qquad (0 \leqslant e < 1)$$

长半轴 a 和偏心率 e 给出了轨道椭圆的形状和大小。当然,描述椭圆形状和大小的参数

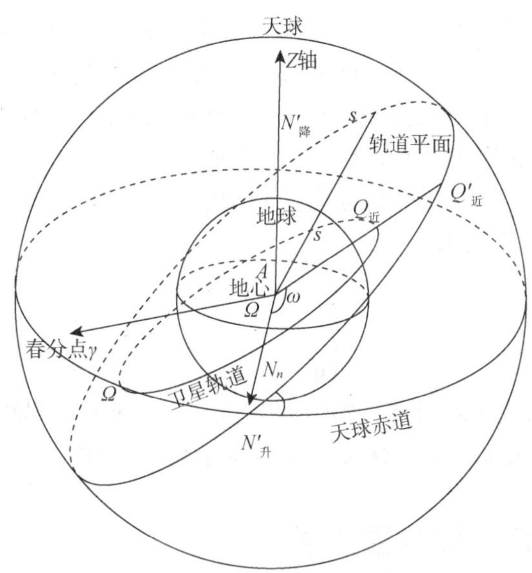

图 5.7　轨道根数的几何意义

并非只有 a、e 两个。从理论上讲,可在长半轴 a、短半轴 b、半通径 p、偏心率 e 和扁率 $\alpha = \dfrac{a-b}{a}$ 中任选两个,但其中至少有一个应为长度元素。

(5) 近地点角距 ω

从升交点矢径 $AN'_{升}$ 起算,逆时针方向(从 $\overrightarrow{N}$ 正方向看)旋转至近地点矢径 $AQ_{近}$ 所经过的角度称为近地点角距。近地点角距是在卫星轨道平面上量测的,用 ω 表示。ω 确定椭圆在轨道平面上的指向,显然其取值范围也 是 $0°\sim360°$。

利用上述 5 个轨道根数就能确定轨道椭圆的形状、大小及其在空间的位置。

(6) 卫星过近地点的时刻 t_0

在实际工作中可用真近点角 θ 或偏近点角 E 或平近点角 M 去取代 t_0,特别是平近点角 M 被较广泛地使用。三种近点角都不是常数,随时间 t 的变化而变化,故也被称作时间根数。

这 6 个轨道根数实际上就是二体问题运动方程式(5.10) 的 6 个独立的积分常数。它们和前面导得的积分常数是等价的。利用轨道根数来反映卫星在空间的运动规律具有下面几个优点:

① 有明确的几何意义,比较直观。

② 经过简单计算后即可求出任一时刻卫星在空间的位置。

③ 所需的数据量小,采用计算机计算时只占用少量内存。

5.8.2　小偏心率卫星的轨道根数

用于大地测量的专用测地卫星一般偏心率 e 都很小,有的甚至采用圆轨道。我们统计了早期发射的 45 颗测地卫星的偏心率,它们的平均值为 0.013,其中偏心率小于 0.005 的有 25 颗卫星。GPS 卫星的偏心率一般也只有 0.003 左右。因而,在卫星大地测量中必须研究在偏心率很小的特殊情况下的轨道根数问题。

显然，当卫星轨道的偏心率 $e=0$ 时，近地点便无法定义了，因为此时轨道为圆。所以，从升交点至近地点的角距 ω 以及从近地点起算的平近点角 M 这两个轨道根数也都无法确定了。当 e 数值很小时，在近地点附近的轨道上卫星至地心的距离 r 都几乎相同。在存在观测误差的情况下，我们就难以根据观测值精地确确定近地点的位置。所以 ω 和 M 这两个轨道根数必然会有相当大的误差。为了解决这一问题，我们用 λ、ξ、η 这 3 个轨道根数去取代 ω、M、e 这 3 个轨道根数。λ、ξ、η 的定义如下：

$$\begin{cases}\lambda=\omega+M\\ \xi=e\cos\omega\\ \eta=-e\sin\omega\end{cases}\tag{5.58}$$

λ、ξ、η 这 3 个轨道根数在 $e=0$ 或 e 很小时仍有定义，并能根据观测值精确地测定它们。所以，对于小偏心率卫星一般采用 a、i、Ω、λ、ξ、η 这 6 个轨道根数。

5.9 根据轨道根数计算卫星位置

首先建立一个轨道坐标系，该坐标系的坐标原点位于地心 A，ξ 轴和 η 轴位于轨道平面上，ζ 轴则和轨道平面的法线矢量 $\overrightarrow{N}$ 重合。轨道坐标系是一个右手坐标系。

5.9.1 计算卫星在轨道坐标系中的位置

计算卫星在轨道坐标系中的位置的步骤如下：

(1) 计算平近点角 M

$$M=n(t-t_0)$$

其中，t_0 为卫星过近地点的时刻；n 为卫星的平均角速度，用下式计算：

$$n=\sqrt{\frac{GM}{a^3}}$$

a 为轨道椭圆的长半轴，$GM=3.986\,005\times10^{14}\ \mathrm{m^2/s^2}$。

(2) 解开普勒方程 $E=M+e\sin E$ 计算偏近点角 E

计算的具体方法在 5.7.2 节中已做过详细介绍。

(3) 计算卫星至地心的距离 r

$$r=a(1-e\cos E)$$

(4) 计算真近点角 θ

$$\tan\frac{\theta}{2}=\sqrt{\frac{1+e}{1-e}}\tan\frac{E}{2}$$

(5) 计算卫星在轨道坐标系中的坐标

$$\begin{cases}\xi=a\cos\theta\\ \eta=r\sin\theta\\ \zeta=0\end{cases}\tag{5.59}$$

当然，我们也可以跳过步骤(3) 和步骤(4)，不计算矢径 r 和真近点角 θ 而直接用偏近点角 E 来计算卫星坐标，计算公式如下：

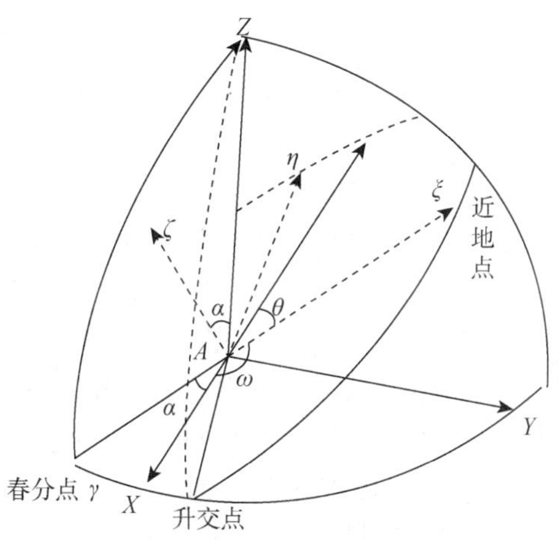

图 5.8　轨道坐标系和赤道坐标系间的关系

$$\begin{cases}\xi = a\cos E - ae \\ \eta = b\sin E = a\sqrt{1-e^2}\sin E \\ \zeta = 0\end{cases} \tag{5.60}$$

5.9.2　轨道坐标系和大地坐标系的转换

在卫星大地测量中,我们是通过对卫星的观测来确定地面点的大地坐标的。所以很自然地,我们希望把通过式(5.59) 或式(5.60) 所求的卫星位置也换算到大地坐标系中去。卫星大地测量所用的大地坐标一般可采用下列两种形式:一是用空间直角坐标(X,Y,Z) 来表示点的位置;二是用经纬度和大地高(B,L,H) 来表示点的位置。只要确定了椭球体的参数和定位,(X,Y,Z) 和(B,L,H) 之间就能互相转化。为了方便而采用空间直角坐标的形式,首先建立空间直角坐标系 $A-XYZ$。该坐标系的坐标原点位于地心 A,Z 轴和地球自转轴重合指向北极,X 轴位于赤道平面和格林尼治零子午圈上,Y 轴和 Z 轴、X 轴构成右手坐标系。该坐标系将随着地球一起自转。X 轴和 $A\gamma$ 轴(γ 为春分点) 之间的夹角即为格林尼治恒星时 α_G。从图 5.8 可以看出,轨道坐标系 $A-\xi\eta\zeta$ 只需经过 3 次旋转即可和大地坐标系重合:首先绕 ζ 轴反时针方向旋转一个 ω 角,这样 ξ 轴就将指向升交点;然后再绕 ξ 轴反时针方向旋转一个 i 角,这样 ζ 轴就将和 Z 轴重合;最后再绕 ζ 轴反时针方向旋转一个($\Omega-\alpha_G$) 角,这样两个坐标系就完全重合了。于是我们有下列计算公式:

$$\begin{bmatrix}X\\Y\\Z\end{bmatrix} = R_3R_2R_1\begin{bmatrix}\xi\\\eta\\\zeta\end{bmatrix} \tag{5.61}$$

其中:

$$R_1 = R_\zeta(-\omega) = \begin{pmatrix}\cos\omega & -\sin\omega & 0\\ \sin\omega & \cos\omega & 0\\ 0 & 0 & 1\end{pmatrix}$$

$$R_2 = R_\xi(-i) = \begin{pmatrix}1 & 0 & 0\\ 0 & \cos i & -\sin i\\ 0 & \sin i & \cos i\end{pmatrix}$$

$$R_3 = R_\zeta[-(\Omega - \alpha_G)] = \begin{pmatrix} \cos(\Omega - \alpha_G) & -\sin(\Omega - \alpha_G) & 0 \\ \sin(\Omega - \alpha_G) & \cos(\Omega - \alpha_G) & 0 \\ 0 & 0 & 1 \end{pmatrix} \tag{5.62}$$

从上面的讨论可知，由于a、e、t_0（或M）这3个轨道根数描述了椭圆轨道的形状、大小以及卫星在该轨道上的位置，所以我们可以根据这3个轨道根数求出卫星在轨道坐标系中的坐标。而Ω、i、ω这3个轨道根数则描述了轨道椭圆在空间的方向。它们实际上就是将轨道坐标系转换到大地坐标系所用的3个旋转角。α_G可以据时间t_i求得。

上面我们介绍了根据卫星的轨道根数来计算卫星在空间的位置及运动速度的方法。这些计算方法不仅适用于二体问题，同样也可用于计算卫星的真实位置和速度。只不过在二体问题中卫星的轨道根数为常数，而实际上卫星在各种摄动力的作用下其轨道根数也将随着时间的变化而缓慢变化。也就是说，每个瞬间都有一个瞬时的轨道椭圆。如果我们利用轨道摄动理论求得了某一瞬间t_i时的轨道根数，则仍可采用上面所介绍的方法来求出卫星在空间和真实位置的真实速度。

5.10 人卫轨道摄动因素简介

影响卫星轨道的摄动因素很多，主要为：地球形状摄动，日、月引力摄动，大气阻力摄动，以及光压摄动。潮汐摄动（海潮、固体潮）和坐标附加摄动在精确的轨道计算中也需顾及。

表5.2列出了卫星位于不同高度时各种摄动因素对卫星所产生的作用力的大小。表5.3列出了大气阻力和光压对各种卫星的作用力的大小。表中的作用力都以质量为M、密度呈球形分布的正球对卫星的作用力为单位。

从表5.2和表5.3可以看出，在一般情况下J_2是最主要的摄动因素，它对卫星的作用力大致为地球正球的千分之几。在人卫工作中一般将10^{-3}当作一阶无穷小量。所以在所有的摄动力中，除J_2为一阶无穷小量外，其余均为二阶或三阶无穷小量。

表5.2　各种摄动因素对卫星的作用力

卫星高度 H / 摄动因素	200 km	2500 km	36 000 km
J_2	3×10^{-3}	2×10^{-3}	7×10^{-5}
J_{22}	5×10^{-6}	3×10^{-6}	10^{-7}
J_3	4×10^{-6}	10^{-6}	10^{-8}
太阳引力	6×10^{-8}	10^{-7}	10^{-5}
月球引力	10^{-7}	3×10^{-7}	3×10^{-5}
太阳引起的潮汐摄动	10^{-8}	8×10^{-9}	4×10^{-10}
月球引起的潮汐摄动	3×10^{-8}	2×10^{-8}	8×10^{-10}

表 5.3　大气阻力和光压对卫星的作用力

卫星名称	S/m	H	大气阻力	光压
东方红一号	0.004 54	440 km	6.8×10^{-8}	2.6×10^{-9}
实践一号	0.003 57	260 km	1.6×10^{-6}	1.9×10^{-9}
尖兵一号	0.002 69	190 km	7.6×10^{-6}	1.4×10^{-9}
回声一号	12.185	1500 km	6.9×10^{-8}	9.3×10^{-6}
回声二号	5.202	1000 km	1.5×10^{-7}	3.5×10^{-6}
Pageos	12.401	4000 km	0	1.6×10^{-5}
子午卫星 30180	0.0032	900 km	1.5×10^{-10}	2.1×10^{-9}

5.10.1　地球形状摄动

从大地重力学知道,用球函数表示地球引力为:

$$V = \frac{GM}{r} - \frac{GM}{r}\left[\sum_{n=2}^{\infty}\left(\frac{a_e}{r}\right)^n J_n P_n(\cos\theta) - \sum_{n=2}^{\infty}\sum_{m=1}^{n}\left(\frac{a_e}{r}\right)^n P_{nm}(\cos\theta)(C_{nm}\cos m\lambda + S_{nm}\sin m\lambda)\right] \tag{5.63}$$

式中:a_e 为地球长半轴;

r 为卫星至地心的距离;

θ 为卫星的余纬度;

λ 为卫星的经度;

$P_n(\cos\theta)$ 为勒让德多项式;

J_n 为带谐函数的系数;

$P_{nm}(\cos\theta)$ 为伴随球函数;

C_{nm} 和 S_{nm} 为伴随球函数的系数。

上式中第一部分$\frac{GM}{r}$,即质量为 M、密度呈球形分布的正球所产生的引力位,卫星在其作用下做二体运动,轨道为正常轨道。第二部分是由于地球的形状和质量分布不规则而引起的,因而就是摄动位 R,即

$$R = -\frac{GM}{r}\left[\sum_{n=2}^{\infty}\left(\frac{a_e}{r}\right)^n J_n P_n(\cos\theta) + \sum_{n=2}^{\infty}\sum_{n=1}^{n}\left(\frac{a_e}{r}\right)^n P_{nm}(\cos\theta)(C_{nm}\cos m\lambda + S_{nm}\sin m\lambda)\right] \tag{5.64}$$

这种由于地球的形状和质量分布不规则而产生的摄动称为地球形状摄动。

如果在地球引力位中仅顾及带谐函数而略去与经度有关的伴随球函数,即我们把地球看成是一个南北不对称的大体上呈梨形的旋转椭圆体的话,那么这个梨形地球椭圆体的摄动位 R 就为

$$R=-\frac{GM}{r}\sum_{n=2}^{\infty}\left(\frac{a_e}{r}\right)^n J_n P_n(\cos\theta) \tag{5.65}$$

R 称为梨形地球的摄动位。在精度要求较低的摄动计算中,仅需顾及四阶带球函数所产生的梨形地球摄动。

将式(5.64) 或式(5.65) 代入摄动运动方程,积分后即可求得 6 个轨道根数的变化。这个问题在下文会详细讨论,此处不多介绍。

这样,如果已知地球引力场系数 J_n、C_{nm}、S_{nm},我们就能求得摄动位,进而解摄动运动方程求得轨道根数的变化。反之,如果我们对具有各种不同轨道根数的卫星进行了大量的精确的观测,求出了各个时间段内轨道根数的变化,消除了由大气阻力,日、月引力,光压等其他摄动因素造成的影响,而求得仅由地球形状摄动而引起的轨道变化的话,就可以反过来求地球引力场的系数。

地球形状摄动在理论上已不存在什么问题,主要困难在于地球引力场系数收敛速度很慢,四阶以后的带球函数系数数值相差不大。这是容易理解的,因为地球的形状和质量分布十分不规则,我们不可能用一组有限的球函数去精确逼近它的引力位,这样就可能产生较大的截断误差,这种截断误差实际上又分配到求得的引力位系数中。

目前,国际上许多单位都已根据不同的卫星测地资料和地面资料求得并公布了许多套地球引力场系数,较著名的有:SAO 的标准地球 Ⅲ,美国哥达德宇航中心的 GEM、GEM-L 和 GEM-T 系列,俄亥俄大学的 OSV 系列,以及由美国海军水面武器中心、国防部制图局、空军等协作为支持卫星导航而建立的地球模型等。

5.10.2 大气阻力摄动

(1) 大气阻力对轨道根数的影响

我们知道,以高超音速在大气中飞行的物体受到的大气阻力为:

$$F=-\frac{1}{2}S\rho C_D V^2$$

设卫星的质量为 m,则由于大气阻力而使卫星产生的加速度为:

$$a=-\frac{1}{2}\frac{S}{m}\rho C_D V^2 \tag{5.66}$$

式中:S 为卫星垂直于运动方向的横截面积;

S/m 称为卫星的面质比;

ρ 为卫星周围的大气密度;

C_D 为阻力系数,它与卫星的形状、表面结构和大气分子反射方式有关,其数值一 般为 2.0~2.4,采用值为 2.2;

V 为卫星相对于周围大气的运动速度。

假设大气是静止的,不随地球转动,则大气阻力加速度只有切向分量,其方向与卫星运动方向相反,即

$$\begin{cases} u = -\dfrac{1}{2}\left(\dfrac{S}{m}C_D\right)\rho V^2 = -\dfrac{1}{2}A\rho\,\dfrac{1+2e\cos f+e^2}{a(1-e^2)} \\ N = 0 \\ W = 0 \end{cases} \tag{5.67}$$

式中：$A = \dfrac{S}{m}C_D$。

将上式代入摄动运动方程得：

$$\begin{cases} \dfrac{\mathrm{d}a}{\mathrm{d}t} = -\dfrac{Ana^2\rho}{(1-e^2)^{\frac{3}{2}}}(1+2e\cos f+e^2)^{3/2} \\ \dfrac{\mathrm{d}e}{\mathrm{d}t} = -\dfrac{Ana\rho}{(1-e^2)^{\frac{1}{2}}}(\cos f+e)(1+2e\cos f+e^2)^{1/2} \\ \dfrac{\mathrm{d}i}{\mathrm{d}t} = 0 \\ \dfrac{\mathrm{d}\Omega}{\mathrm{d}t} = 0 \\ \dfrac{\mathrm{d}\omega}{\mathrm{d}t} = -\dfrac{Ana\rho}{e(1-e^2)^{\frac{1}{2}}}\sin f(1+2e\cos f+e^2)^{1/2} \\ \dfrac{\mathrm{d}M}{\mathrm{d}t} = \dfrac{Ana\rho}{e(1-e^2)}\left(\dfrac{r}{a}\right)\sin f(1+e\cos f+e^2)(1+2e\cos f+e^2)^{1/2} \end{cases} \tag{5.68}$$

上式表明静止大气不会引起卫星轨道面的运动，主要使椭圆轨道不断缩小（a 减小）、变圆（e 减小），使近地距 $r_P = a(1-e)$ 不断减小，使卫星进入更稠密的大气层而陨落。因而，大气阻力往往对卫星的寿命起着决定性的作用。

但实际上大气是随着地球一起转动的。低层大气的转速和地球自转速度一样。高层电离气体由于受磁场加速，转速约为地球自转速度的 1.2 倍。但由于高层大气密度较小，其影响也较低层大气小得多。所以为方便起见，可以认为整个大气层的旋转角速度均为地球自转角速度 ω。此时大气阻力产生的加速度为：

$$\vec{a} = -\frac{1}{2}\left(\frac{S}{m}C_D\right)\rho V^2\,\frac{\vec{v}-\vec{v}_a}{V} \tag{5.69}$$

式中：$\overrightarrow{V} = \vec{v} - \vec{v}_a$，是卫星相对于旋转大气的速度；

$\vec{v}$ 和 $\vec{v}_a$ 分别为卫星和大气相对于地心的速度。

$\vec{v}_a$ 为：

$$\vec{v}_a = r\cos\varphi\cdot\omega \tag{5.70}$$

而卫星的速度 $\vec{v}$ 可以据轨道根数求出。将 $\vec{v}$、$\vec{v}_a$ 代入式(5.69)，然后代入摄动运动方程，经整理和简化后可得：

$$\begin{cases}\dfrac{\mathrm{d}a}{\mathrm{d}t}=-\dfrac{A_1na^2}{(1-e^2)^{3/2}}(1+2e\cos f+e^2)^{3/2}\rho \\ \dfrac{\mathrm{d}e}{\mathrm{d}t}=-\dfrac{A_1na}{(1-e^2)^{1/2}}(\cos f+e)(1+2e\cos f+e^2)^{1/2}\rho \\ \dfrac{\mathrm{d}i}{\mathrm{d}t}=-\dfrac{A_2a\sin i}{4(1-e^2)}\left(\dfrac{r}{a}\right)^2(1+\cos 2u)\ (1+2e\cos f+e^2)^{1/2}\rho \\ \dfrac{\mathrm{d}\Omega}{\mathrm{d}t}=\dfrac{A_2a}{4(1-e^2)}\left(\dfrac{r}{a}\right)^2\sin 2u(1+2e\cos f+e^2)^{1/2}\rho \\ \dfrac{\mathrm{d}\omega}{\mathrm{d}t}=-\dfrac{A_1na}{e(1-e^2)^{1/2}}\sin f(1+2e\cos f+e^2)^{1/2}\rho-\cos i\dfrac{\mathrm{d}\Omega}{\mathrm{d}t} \\ \dfrac{\mathrm{d}M}{\mathrm{d}t}=\dfrac{A_1na}{e(1-e^2)}\left(\dfrac{r}{a}\right)\sin f(1+e\cos f+e^2)(1+2e\cos f+e^2)^{1/2}\rho \end{cases} \tag{5.71}$$

式中：

$$A_1=\left(\frac{S_1}{m}C_D\right)F, A_2=\left(\frac{S_2}{m}C_D\right)\sqrt{F}\omega, F=\left(1-\frac{1}{v}rW\cos i\right)^2$$

S_1、S_2 分别为卫星垂直于切向和次法向的横截面积，除球形卫星外，两者一般不相等。

从式(5.71) 可以看出，由于大气是旋转的，所以大气阻力仍会使卫星轨道平面发生微小的变化，而其余 4 个轨道根数的变化率和静止大气时是类似的，只是以 A_1 代替了 A。

(2) 大气密度

影响大气密度 ρ 的因素十分复杂，大气密度不仅和高度、温度有关，而且与时间 t、太阳的位置、卫星的位置、太阳 10.7 cm 波长的辐射流量有关，还与地磁活动指数等因素有关。空中任意一点的大气密度最大值(在 14 时左右) 与最小值 (在 3-4 时左右)可相差几倍，迄今为止，我们也还未从理论上搞清各种因素和大气密度之间的关系。当前计算大气密度的数学模型都是首先建立一个经验公式，然后根据大量的观测资料去求公式中的各项系数，自从卫星上天后，已出现了许许多多的大气模式。其中较为著名的有国际空间研究委员会 1972 年提出的国际参考大气模式(COSPAR International Reference Atmosphere-72，CIRA-72)和 Jac-chia 1977 年提出的 Jacchia-77。其中 CIRA-72 求得的 ρ 误差不超过 10%。Jacchia-77 声称误差不超过 4%。至于具体的计算公式，由于要考虑各种改正，所以比较复杂，且随大气密度模型而异。

上述方法虽可以保证一定的精度，但是过于复杂，代入微分方程式(5.71) 中也无法积分。因而在用分析法解摄动运动方程时，需要建立一个大气密度 ρ 的分析模型去代替某一大气模式。对分析模型的要求为：

①ρ 的表达式是可积分的。

② 公式应尽可能简单。

③ 应保证一定的精度。即用的 ρ 分析模型求得的数值应和用大气模式求得的数值在某一精度范围内相符。

目前已出现了各种类型的分析模型，有指数型的、对数型的和代数型的。同一类型中也有许多不同的模型。当前还有不少人正在做这方面的工作，不断提出许多新的分析模型。我们仅介绍使用较广泛的一种模型——King-Hele 模型。该模型认为大气的等密度面是形状和地球相似的旋转椭球面。并将过近地点 P_0 的等密度面作为参考椭球面，地心至卫星的距离为 r，相应的地心至参考椭球面的距离为 σ，参考椭球面上的大气密度为 ρ_0。在一定的近似条件下，据流体静力学可得：

$$\rho = \rho_0 \exp[-(r-\sigma)/H]$$

式中：H 为一常数，称为密度标高。

但使用该公式后发现求得的高层大气密度误差较大。为了使高层大气密度也能准确求得，需对密度标高 H 进行修正。据多年测定，H 可近似取：

$$H = H(r) = H_0 + \frac{\mu}{2}(r-\sigma)$$

其中 H_0 为与参考椭球面相应的密度标高。在离地面 200 ~ 400 km 处，$\mu \approx 0.1$，一般 $\mu < 0.2$。

此外，由于大气受太阳辐射，密度有显著的周日变化，必须加以考虑。因而，密度 ρ_0 尚需乘以 $(1 + F^* \cos\psi)$ 这个因子。其中 ψ 为向径 $\vec{r}$ 和密度取最大值时的方向 $\vec{r}_m$ 之间的夹角。一般认为在地方时 14 时密度达最大值。

$$f^* = \frac{\rho_{\max}}{\rho_{\min}} = \frac{1+F^*}{1-F^*}$$

即

$$F^* = \frac{f^*-1}{f^*+1}$$

至于大气密度的季节变化、半年变化、与太阳黑子活动有关的长期变化以及地磁场的影响等，可以在 ρ_0 的取值上加以考虑。所以大气密度的数学模式最后取为：

$$\rho = \rho_0(1 + F^* \cos\psi)\exp[-(r-\sigma)/H(r)] \tag{5.72}$$

为了便于积分，还需将式(5.72)表达为 6 个轨道根数的函数，略去繁杂的中间推导过程，最后可得：

$$\rho = K\{1 + C\cos 2\omega(\cos 2E) + C\sin 2\omega(-\sin 2E) + \Delta(F^*) + \Delta(\mu)\}\exp(Z\cos E) \tag{5.73}$$

式中：L_0 为太阳的平黄经；

ε 为黄赤交角；

λ_m 为大气密度周日峰的赤径与太阳赤径之差，$\lambda_m = \alpha_m - \alpha_{\odot}$。

参数见式(5.74)。

将式(5.73)、式(5.74)代入式(5.71)积分后即可求出大气阻力引起的轨道根数的变化。

(3) 阻力系数和面质比

从式(5.71)知，要求出大气阻力引起的轨道根数的变化，还必须知道阻力系数 C_D 和面质比 S/m。大气阻力系数 C_D 与卫星的材料、表面形状与结构，以及大气分子的反射方式有关。其值难以精确测定，一般取为 2.2，但可能有 10% 的误差。对于卫星的面质比，非发射单位也无法精确知道，而且非球形卫星一旦失去姿态控制，面质比就会经常变化，数值可相差很远。

从上述讨论可知，由于几个要素均难以精确确定，所以大气阻力摄动便成为所有摄动因素中最难以精确计算其影响的一种摄动因素。解决办法一般有：尽量减少卫星的面质比，制造重量大、体积小的测地卫星，以减小大气阻力本身的量级；在平差中引入一个未知数，用观测值来求出其最或是值；采用无阻尼卫星。

$$
\left\{
\begin{aligned}
&K=\rho_0\exp\left[-\frac{1}{H}(a-a_0+a_0e_0)-C\cos2\omega_0\right]\\
&C=\frac{1}{2}\frac{\alpha}{H_{\rho_0}}r_{\rho_0}\sin^2 i\quad(\alpha\text{ 为地球扁率},\alpha=1/298.25)\\
&\Delta(F^*)+\Delta(\mu)=\mu\left[\frac{3}{4}Z_0^2-Z_0^2\cos E+\frac{Z_0^2}{4}\cos2E\right]\\
&\quad+F^*A^*\left[-\left(\frac{e}{2}+\frac{\mu}{2}Z_0^2\right)+\left(1+\frac{7}{8}\mu Z_0^2\cos E\right)\right.\\
&\quad+\left(\frac{e}{2}-\frac{\mu}{2}Z_0^2\right)\cos2E+\frac{1}{8}\frac{\mu}{2}Z_0^2\cos3E\\
&\quad+\frac{C}{2}\cos2\omega(\cos E+\cos3E)\\
&\quad\left.+\frac{C}{Z}\sin2\omega(-\sin E-\sin3E)\right]\\
&\quad+F^*B^*\left[1+\frac{5}{8}\mu Z_0^2\sin E+\left(\frac{e}{2}-\frac{\mu}{2}Z_0^2\right)\sin2E\right.\\
&\quad+\frac{1}{8}\mu Z_0^2\sin3E+\frac{C}{2}\cos2\omega(-\sin E+\sin3E)\\
&\quad\left.+\frac{C}{2}\sin2\omega(-\cos E+\cos3E)\right]
\end{aligned}
\right.
\tag{5.74}
$$

其中：
$$
\begin{aligned}
A^*=&\frac{1}{4}\{(1+\cos i)[(1-\cos\varepsilon)\cos(\omega+\Omega+L_\odot-\lambda_m)\\
&+(1+\cos\varepsilon)\cos(\omega+\Omega-L_\odot-\lambda_m)]+(1-\cos i)[(1-\cos\varepsilon)\\
&\cos(\omega-\omega-L_\odot-\lambda_m)+(1+\cos\varepsilon)\cos(\omega-\Omega+L_\odot+\lambda_m)]\\
&+4\sin i\sin i\sin\omega\sin L_\odot\sin\varepsilon\}
\end{aligned}
$$

$$
\begin{aligned}
B^*=&-\frac{1}{4}\{(1+\cos i)[(1-\cos\varepsilon)\sin(\omega+\Omega+L_\odot-\lambda_m)\\
&+(1+\cos\varepsilon)\sin(\omega+\Omega-L_\odot-\lambda_m)]+(1-\cos i)[(1-\cos\varepsilon)\\
&\sin(\omega-\Omega-L_\odot+\lambda_m)+(1+\cos\varepsilon)\sin(\omega-\Omega+L_\odot+\lambda_m)]\\
&-4\sin i\cos\omega\sin L_\odot\sin\varepsilon\}\}
\end{aligned}
$$

5.10.3 日月摄动

太阳和月球作为两个质点对卫星存在着万有引力,使卫星产生摄动运动。我们将这种摄动称为日、月引力摄动。此外,日、月的引力又会使地球产生固体潮、海潮和大气潮,这些潮汐运动反过来又会使卫星产生摄动运动,我们将这种摄动称为潮汐摄动。这是由日、月引起的一种间接摄动。由于地球是一个椭球,其隆起部分受到日、月的引力作用会产生一个力矩,而使地球自转轴在空中摆动,即产生岁差和章动,使得轨道坐标系不再是一个惯性坐标系。因而对于在惯性坐标系中导出的公式,必须施加某些修正后才能继续使用。一般我们都把这些修正当做一种摄动来处理,称为附加摄动。岁差、章动引起的附加摄动也是日、月产生的一种间接摄动,这里我们仅讨论日、月引力摄动和潮汐摄动。

(1) 日、月引力摄动

卫星除受到地球的吸引外,还要受到其他天体的引力作用,其中以日、月的引力作用较为显著,其他恒星、行星的作用可略去不计。

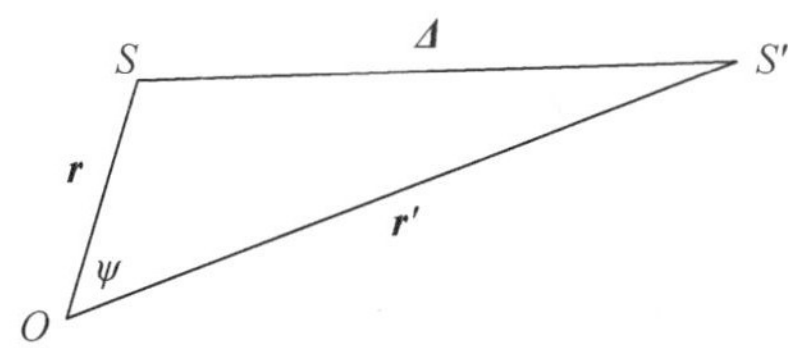

图 5.9　日、月引力摄动

图 5.9 中,O 为地心,S 为卫星,S' 则表示太阳(或月亮)。设卫星在地心直角坐标系中的坐标为(X,Y,Z),太阳(或月球) 的地心直角坐标则为(X',Y',Z'),卫星的质量为 m'。根据前面的讨论,太阳(或月亮) 的摄动函数 R 为:

$$
\begin{aligned}
R &= Gm'\left(\frac{1}{\Delta} - \frac{XX' + YY' + ZZ'}{(r')^3}\right) \\
&= GM'\left(\frac{1}{\Delta} - \frac{\vec{r} \cdot \vec{r}'_1}{(r')^3}\right) \\
&= Gm'\left(\frac{1}{\Delta} - \frac{rr'\cos\psi}{(r')^3}\right) = Gm'\left(\frac{1}{\Delta} - \frac{r\cos\psi}{(r')^2}\right)
\end{aligned}
\tag{5.75}
$$

用勒让德多项式将$\dfrac{1}{\Delta}$展开,得

$$
\begin{aligned}
\frac{1}{\Delta} &= \frac{1}{r'}\sum_{n=0}^{\infty}\rho_n(\cos\psi)\left(\frac{r}{r'}\right)^n = \frac{1}{r'}\left[1 + \left(\frac{r}{r'}\right)\cos\psi\right. \\
&\quad \left. + \left(\frac{r}{r'}\right)^2\left(\frac{3}{2}\cos^2\psi - \frac{1}{2}\right) + \cdots\right]
\end{aligned}
$$

代入式(5.75)得

$$
R = Gm'\left[\frac{1}{r'} + \frac{r^2}{r'^3}\left(\frac{3}{2}\cos^2\psi - \frac{1}{2}\right) + \cdots\right]
$$

式中的$\dfrac{1}{r'}$与卫星轨道根数无关,丢掉它后并不影响$\dfrac{\partial R}{\partial \sigma}$值($\sigma$ 为轨道根数)。所以摄动函数R可简化为:

$$
R = Gm'\left[\frac{r^2}{r'^3}\left(\frac{3}{2}\cos^2\psi - \frac{1}{2}\right) + \cdots\right] \tag{5.76}
$$

式中:$\cos\psi = \dfrac{\vec{r}}{r} \cdot \dfrac{\vec{r}'}{r'}$;

$\dfrac{\vec{r}}{r}$是地心至卫星的单位矢量;

$\dfrac{\vec{r}'}{r'}$是地心至太阳(或月亮) 的单位矢量。

它们可以表示成卫星及太阳(或月亮)的轨道根数的函数,代入式(5.76)整理后可得:

$$R = \frac{3}{2}\beta a^2\left(\frac{r}{a}\right)^2\left[-\frac{1}{3}+\frac{1}{2}(A^2+B^2)+\frac{1}{2}(A^2-B^2)\cos 2u + AB\sin 2u\right] \tag{5.77}$$

式中:$A = A_1\cos u' + A_2\sin u'$;

$A_1 = \cos(\Omega - \Omega')$;

$A_2 = \sin(\Omega - \Omega')\cos i'$;

$B = B_1\cos u' + B_2\sin u'$;

$B_1 = -\sin(\Omega - \Omega')\cos i$;

$B_2 = \sin i\sin i' + \cos i\cos i'\cos(\Omega - \Omega')$;

$\beta = G\dfrac{m'}{r'^3}$;

i 为卫星轨道面的倾角;

i' 为太阳(或月亮)的轨道倾角;

Ω' 为太阳(或月亮)的升交点赤径。

式(5.77)为太阳(或月球)引力摄动的摄动位,其精度较差,仅能用于卫星摄动运动方程的一阶解。在动力测地和精密定轨等精度要求较高的工作中,需要求摄动运动方程的二阶解。

日、月引力摄动在理论上已不存在什么困难,可以根据不同的精度要求推导出不同的摄动函数R,将R代入拉格朗日行星摄动方程,对轨道根数σ_i求偏导数,再对时间t积分即可求得由于日、月引力而引起的轨道根数的变化,但进行精度要求较高的工作时,需求二阶解。采用分析法,公式是十分烦琐冗长的,因而往往采用数值积分的方法或半数值半分析的方法。

(2)潮汐摄动

地球并不是一个刚体,因而在日、月引力作用下,会产生周期性的弹性形变,我们将这种现象称为固体潮。固体潮汐以及我们早已熟悉的海潮和大气潮统称为潮汐。这一潮汐运动将影响卫星的运动,我们称这种摄动为潮汐摄动,它是日、月引力产生的一种间接摄动。从表 5.2 可以看出,它大体上是一个10^{-8}级的量。因而,它在一般人卫工作中无须考虑,只有在动力测地等工作中才需顾及。

从上面的讨论可知,日、月引力的摄动函数在地球表面的值为

$$R = \frac{Gm'}{r'}\left[\left(\frac{a_e}{r'}\right)^2\rho_2(\cos\psi) + \left(\frac{a_e}{r'}\right)^3\rho_3(\cos\psi) + \cdots\right]$$

由此引起地球的弹性形变在地球表面的值为:

$$R' = \frac{Gm'}{r'}\left[K_2\left(\frac{a_e}{r'}\right)^2\rho_2(\cos\psi) + K_3\left(\frac{a_e}{r'}\right)^3\rho_3(\cos\psi) + \cdots\right]$$

式中:$K_2, K_3, \cdots$ 称为 Love 数;

$K_2 \approx 0.3, K_3 \approx 0.1$。

以上是按固体潮对应的弹性形变来讨论的。实际上我们是将固体潮、海潮、大气潮的影响一并考虑的。据测地卫星 Geos - 1 和 Geos - 2 测定,此时 K_2 的有效值仍接近 0.3。

上述潮汐形变对卫星的运动将产生一种摄动,它的摄动函数为:

$$R^{*}=\frac{Gm'}{r'}\left[K_{2}\left(\frac{a_{e}}{r'}\right)^{2}\left(\frac{a_{e}}{r}\right)^{3}\rho_{2}(\cos\psi)+K_{3}\left(\frac{a_{e}}{r'}\right)^{3}\left(\frac{a_{e}}{r}\right)^{4}\rho_{3}(\cos\psi)+\cdots\right] \tag{5.78}$$

和日、月引力摄动一样,我们可以将 R^{*} 表示成卫星轨道根数的函数:

$$R^{*}=\frac{3}{2}\frac{Gm'}{r'^{3}}\left(\frac{K_{2}}{a^{3}}\right)\left(\frac{a}{r}\right)^{3}\left[-\frac{1}{3}+\frac{1}{2}(A^{2}+B^{2})+\frac{1}{2}(A^{2}-B^{2})\cos 2u+AB\sin 2u\right] \tag{5.79}$$

式中各符号的意义同前。将 R^{*} 代入摄动运动方程求解,即可算得由潮汐摄动引起的轨道根数的变化。

5.10.4　光压摄动

从表 5.3 知道,卫星离地面较远时,太阳辐射压(简称光压)的影响将超过大气阻力,对于面质比较大的气球卫星,光压摄动大致为10^{-5}级的量。作用于卫星的光压总和为:

$$\vec{F}_{\odot}=-K\rho_{\odot}S\vec{L}_{\odot} \tag{5.80}$$

其中:S 是垂直于太阳光线的卫星截面积;$\rho_{\odot}$ 是太阳光压强度,它取决于卫星至太阳的距离并和大气吸收阳光的程度有关,但通常取为常数 4.6×10^{-6} Pa,在人卫工作的计算单位系统中 $\rho_{\odot}=0.3194\times10^{-17}$ Pa;K 则与卫星表面的反射性能有关,取决于卫星的表面材料、形状等因素,一般取 1 和 1.44 之间的值;$\vec{L}_{\odot}$ 是卫星到太阳方向的单位矢量,也可近似看成从地心至日心方向的单位矢量。由光压引起卫星的加速度为:

$$\frac{\vec{F}_{\odot}}{m}=\vec{a}=-K\rho_{\odot}\frac{S}{m}\vec{L}_{\odot}$$

若以 $\vec{S}_{\odot}$、$\vec{T}_{\odot}$、$\vec{W}_{\odot}$ 分别表示卫星轨道的径向、横向、次法向 3 个单位矢量,则由光压引起的加速度 a 的 3 个分量为

$$\begin{cases}S=\dfrac{1}{m}(\vec{F}_{\odot},\vec{S}_{\odot})=-\left(K\rho_{\odot}\dfrac{S}{m}\right)\vec{L}_{\odot}\cdot\vec{S}_{0}=-K_{0}\vec{L}_{\odot}\cdot\vec{S}_{0}\\ T=\dfrac{1}{m}(\vec{F}_{\odot},\vec{T}_{\odot})=-\left(K\rho_{\odot}\dfrac{S}{m}\right)\vec{L}_{\odot}\cdot\vec{T}_{0}=-K_{0}\vec{L}_{\odot}\cdot\vec{T}_{0}\\ W=\dfrac{1}{m}(\vec{F}_{\odot},\vec{W}_{\odot})=-\left(K\rho_{\odot}\dfrac{S}{m}\right)\vec{L}_{\odot}\cdot\vec{W}_{0}=-K_{0}\vec{L}_{\odot}\cdot\vec{W}_{0}\end{cases} \tag{5.81}$$

式中:$\vec{L}_{\odot}$ 是太阳位置的函数;

$\vec{S}_{0}$、$\vec{T}_{0}$、$\vec{W}_{0}$ 可据卫星的位置求出。

光压摄动和其他摄动不同,作用在卫星上的光压不是连续的。卫星在进入地影后便不再受到光压作用。

5.10.5　附加摄动和推力摄动的概念

(1)附加摄动 I

由于日、月和大行星的作用使地球自转轴在空间摆动,产生所谓的岁差和章动,于是轨道坐标系也在空间摆动,因而它不是一个惯性系。前面导出的公式只有在惯性系中才能成立。为了使这些公式在非惯性系——轨道坐标系中也能适用,必须对公式加以修正。为了方便起

见,我们将这种修正也处理成摄动,称为附加摄动Ⅰ。

(2)附加摄动Ⅱ

附加摄动Ⅱ是由岁差、章动引起的天文坐标系中的附加摄动。天文坐标系是一个惯性系,为什么会产生附加摄动呢?这是由于我们是在平大地坐标系中来定义地球引力场系数的。由于岁差和章动,在天文坐标系中的任一点的位函数就随着地球的摆动而变化,或者说由于岁差和章动,在天文坐标系中,地球引力场系数不是常数。然而实际上,我们使用的是一套固定的引力场系数,因而必须对此加以修正。我们把这种修正处理成摄动,此即附加摄动Ⅱ。它的摄动函数有下列特点。

①对于地球引力场的每一个系数(带谐项及田谐项)都有一附加部分,不像轨道坐标系那样,附加摄动和具体的引力场系数无关。

②在一般人卫工作中求一阶解时,J_2 应考虑 θ^2 项。在精度要求较高需求二阶解的人卫工作中,J_2 要考虑 θ^4 项,其他的带谐项和田谐项均应考虑 θ 项,因而计算十分复杂。

1959年,Veis提出了轨道坐标系的概念。1960年,古在由秀计算了轨道坐标系的附加摄动Ⅰ和天球坐标系的附加摄Ⅱ。证明了在人卫轨道理论中采用轨道坐标系可使附加摄动变得十分简单后,轨道坐标系便被广泛用于人卫轨道工作中。

(3)附加摄动Ⅲ

这是轨道坐标系中的另一种附加摄动——极移摄动。地球引力场系数是建立在平大地坐标系中的。而轨道坐标系的 Z 轴却指向地球的瞬时极,而不是指向平极CIO。由于极移,轨道坐标系的 Z 轴相对于平大地坐标系的 Z 轴在不断运动。因而在轨道坐标系中地球引力场系数也不是常数。所以为了利用一套固定的引力场系数,必须加入极移摄动。极移摄动是周期为一天、振幅为 2×10^{-8} 的周期摄动,一般可不考虑。

(4)推力摄动

某些卫星在运行过程中,例如无阻尼卫星,有时需点火调节轨道。我们把这种由于获得推力而产生的加速度也处理成摄动,称为推力摄动。推力摄动往往沿着卫星飞行的切线方向,即只有 U 分量,这种推力往往不大,作用时间也很短。从摄动效果看,处理成二阶小量是不会有问题的。

到此为止,对于人造地球卫星在绕地球运行中所受到的主要摄动都已简要地加以阐述。除此以外,还有一些因素,如带电卫星受到地磁场的影响等,不具有一般性,而且数值很小,不再论述。

参考文献

[1] 曹冲.北斗/GNSS应用产业技术发展现状与趋势[C]//中国卫星导航定位协会.卫星导航定位与北斗系统应用2019:北斗服务全球 融合创新应用.北京:测绘出版社,2019:8-13.

[2] 李征航,魏二虎,王正涛,等.空间大地测量学[M].武汉:武汉大学出版社,2010.

[3] GROVES P D.GNSS与惯性及多传感器组合导航系统原理[M].2版.练军想,唐康华,潘献飞,等,译.北京:国防工业出版社,2015.

[4] 国家遥感中心.地球空间信息科学技术进展[M].北京:电子工业出版社,2009.

[5] 霍夫曼-韦伦霍夫,利希特内格尔,瓦斯勒.全球卫星导航系统:GPS,GLONASS,Galileo及其他系统[M].程鹏飞,蔡艳辉,文汉江,等,译.北京:测绘出版社,2009.

[6] 赵文策,张平,高家智,等.人造地球卫星轨道理论及应用[M].北京:机械工业出版社,2021.

[7] 黄城,刘林.参考坐标系及航天应用[M].北京:电子工业出版社,2015.

[8] 孔祥元,郭际明,刘宗泉.大地测量学基础[M].2版.武汉:武汉大学出版社,2010.